近距离多层石膏重叠开采
关键技术与采空区稳定性分析

李　洪　　朱学军　　齐　爽　　赵思龙　　著
张雨婷　　张雯婧　　杨崇乐　　卫思晨

中国矿业大学出版社
·徐州·

内 容 提 要

石膏矿开采目前普遍采用房柱开采法,开采后残留大面积采空区,整个采空区上覆岩层全靠采矿时留设的矿柱支撑。矿柱的稳定是采空区稳定的基础,矿房与矿柱的采留宽度则是石膏矿开采的关键,是影响采空区稳定的主要因素之一。日积月累的剥蚀劈裂、流变破坏使得矿柱的承载能力日趋下降,强大的顶板压力首先摧毁某个或某些最薄弱的矿柱,个别矿柱垮塌造成的应力转移加重了相邻矿柱承担的载荷。这些局部垮塌引起的顶板垮落造成的震荡和冲击加剧了相邻矿柱的进一步破坏,而相邻矿柱的破坏导致更大范围的顶板垮落,如此连锁破坏,引发采空区大面积塌陷垮落。

本书内容包括鲁能石膏矿现有采空区位置、分布范围、规模、形成时间等采空区特征调查;各膏层近距离重叠开采合理矿房矿柱尺寸、顶底膏厚度、区域隔离矿柱尺寸以及矿房顶板锚杆支护等技术参数研究;现阶段采空区整体安全性评价;在对采空区矿房顶板、底板及矿柱的变形破坏、风化剥蚀调查基础上,对矿房、矿柱短期的稳定性进行评价;对现有采空区存在安全隐患的相对薄弱地点的治理;建立三维数值模拟模型对采空区受力及稳定性进行评价;保障采空区稳定的措施;等等。

本书可供矿山生产、设计、科研单位的有关技术人员和大专院校师生参考。

图书在版编目(C I P)数据

近距离多层石膏重叠开采关键技术与采空区稳定性分
析 / 李洪等著.— 徐州 :中国矿业大学出版社,
2023.2

ISBN 978 - 7 - 5646 - 5747 - 5

Ⅰ.①近… Ⅱ.①李… Ⅲ.①石膏矿床—采空区—稳
定分析 Ⅳ.①TD876

中国国家版本馆 CIP 数据核字(2023)第 037363 号

书　　　名	近距离多层石膏重叠开采关键技术与采空区稳定性分析
著　　者	李　洪　朱学军　齐　爽　赵思龙　张雨婷　张雯婧　杨崇乐　卫思晨
责任编辑	李　敬
出版发行	中国矿业大学出版社有限责任公司
	(江苏省徐州市解放南路　邮编 221008)
营销热线	(0516)83885370　83884103
出版服务	(0516)83995789　83884920
网　　址	http://www.cumtp.com　**E-mail**:cumtpvip@cumtp.com
印　　刷	徐州中矿大印发科技有限公司
开　　本	787 mm×1092 mm　1/16　**印张** 11.75　**字数** 230 千字
版次印次	2023 年 2 月第 1 版　2023 年 2 月第 1 次印刷
定　　价	50.00 元

前　言

石膏不仅是重要的工业原料,而且是新型建材与装饰的主要材料,在国民经济的发展、人民生活和现代化建设中占有重要地位。

目前,国内石膏矿开采的最大问题就是采矿引发的各类地质灾害和事故。比如河北隆尧某石膏矿 1998 年 10 月发生大面积冒顶塌方事故,使 6 名矿工在井下被困 27 天;广西合浦某石膏矿 2001 年 5 月发生重大冒顶事故,造成 29 人死亡;河北邢台某石膏矿 2002 年 4 月发生大面积冒顶塌方事故,地表形成 15 000 m² 的塌陷区;2002 年 5 月 20 日晚 21 时 16 分,山东枣庄市峄城区底阁镇境内 5 个石膏矿采空区塌陷,最大一个陷落区近东西向长 500 余米,近南北向宽约 300 m,其面积约达 15 万 m²,深达 6 m 多;河北隆尧某石膏矿 2003 年 11 月发生大面积冒顶塌方事故,死亡 5 人,地表形成 30 000 m² 的塌陷区;2015 年 12 月 25 日 7 时 56 分,山东平邑县某石膏矿发生采空区大面积坍塌,致使 1 人死亡,13 人失踪。

石膏矿山普遍采用房柱法开采,由于各矿的地质条件不同,矿柱留设不一样,其形成地质灾害的原因也不同。根据各矿山发生地质灾害的致灾因素、灾害特点、灾害规模等,矿房垮塌型灾害是石膏矿山最常见也是危害较大的一种地质灾害。日积月累的剥蚀劈裂、流变破坏使得矿柱的承载能力日趋下降,强大的顶板压力首先摧毁某个或某些最薄弱的矿柱,这些局部垮塌引起的顶板垮落造成的震荡和冲击加剧了相邻矿柱的进一步破坏,而相邻矿柱的破坏导致更大范围的顶板垮落,如此连锁破坏引发采空区大面积塌陷垮落。采空区大面积塌陷垮落产生的强烈冲击毁坏设备,摧毁矿井,造成重大人员伤亡,并进一步造成地表开裂、沉陷、地下水涌入淹井等地质灾害,给矿井造成重大损失甚至停产闭井。

泰安市大汶口地区石膏储量十分丰富,是我国重要的石膏生产基地,石膏开采在我国处于领先水平,已经形成了石膏产业链,带动了区域经济的发展,具有良好的技术经济基础。大汶口石膏矿区生产近30年,形成了大量的采空区,并且采空区矿柱膏层中存在一到多层含泥岩分层,吸水性强,风化剥蚀严重,安全隐患日趋显现。因此,开展以下研究对采空区薄弱环节治理和保障采空区安全运行具有重要意义:以泰安大汶口石膏矿区的工程地质条件为背景,对矿区采矿方法、矿房的稳定、矿柱受力及风化剥蚀情况进行全面查探;采用井下实测、岩石力学实验、数值仿真模拟、理论分析等方法,对大汶口石膏矿区典型区域、不同深度多层重叠矿房矿柱进行稳定性分析;优化近距离多层重叠矿房矿柱采留比例,提出合理的护顶护底膏留设厚度;通过对不同分层厚度的护顶膏稳定性进行全面分析,确定相应的锚杆支护对策。

为了规范石膏矿山安全生产和防止采空区垮塌事故,山东省出台了《石膏矿山安全规程》,明确规定要加强采空区管理,定期评价采空区的稳定性,确保采空区安全。为了贯彻落实《石膏矿山安全规程》及上级一系列安全生产法律、法规,切实接受采空区塌陷事故的教训,进一步强化采空区管理,确保矿井安全,山东省石膏矿均成立了以总工程师为主任的采空区管理办公室,制定了采空区管理制度,建立并完善了采空区监测监控系统并制定了相关措施,定期开展采空区稳定性调查和评价工作,保证矿山安全运行。

本书系统地阐述了石膏开采,尤其是近距离多层石膏重叠开采的矿房矿柱宽度、隔离矿柱尺寸等关键技术的研究;采空区现状的全面调查评估及薄弱地点的治理;多层重叠矿房矿柱稳定性的分析;石膏矿安全运行措施。本书是多家单位工程技术人员联合研究的成果,在出版之际,特向在大汶口石膏矿区合作研究中作出贡献的单位、工程技术人员和专家表示衷心的感谢!

本书第 1 章由李洪、朱学军编写,第 3、4、6、9 章由赵思龙、张雨婷、张雯婧编写,第 2、5、7、10 章由杨崇乐、卫思晨编写,第 8 章由齐爽编写。齐爽负责绘图和制表,李洪对全书进行了审稿,朱学军负责统稿。

本书不当之处,敬请提出宝贵意见。

作　者

2022 年 12 月

目　　录

1　绪论 ……………………………………………………………… 1
　　1.1　矿山基本情况 ………………………………………………… 1
　　1.2　矿山自然地理 ………………………………………………… 2
　　1.3　矿井地质条件 ………………………………………………… 3
　　1.4　矿山开采概况 ………………………………………………… 13

2　膏层及围岩物理力学性质确定 ………………………………… 22
　　2.1　采样 ……………………………………………………………… 22
　　2.2　制样 ……………………………………………………………… 22
　　2.3　试验仪器及设备 ……………………………………………… 23
　　2.4　试验方法 ……………………………………………………… 24
　　2.5　试验结果 ……………………………………………………… 26

3　多层石膏重叠开采关键技术研究 ……………………………… 36
　　3.1　多层石膏重叠开采的合理参数研究 ……………………… 36
　　3.2　开采过程中施工安全保障 ………………………………… 50
　　3.3　开采隔离范围及隔离矿柱尺寸的确定 ………………… 51

4　采空区稳定性分析 ……………………………………………… 65
　　4.1　采空区矿房矿柱布置及主要参数 ……………………… 65
　　4.2　矿房受力稳定性分析 ……………………………………… 66
　　4.3　矿柱受力稳定性分析 ……………………………………… 78
　　4.4　采空区矿房矿柱现状特征分析 ………………………… 80

5　Ⅱ、Ⅲ膏层开采的三维数值模拟分析 ……………………… 82
　　5.1　数值模型的建立 ……………………………………………… 82
　　5.2　生成初始地应力和回采巷道开挖 ……………………… 83
　　5.3　模拟方案及步骤 ……………………………………………… 84
　　5.4　模拟结果及分析 ……………………………………………… 85

　　5.5　结论 ·· 97

6　采空区现状调查 ·· 98
　　6.1　采空区分区 ·· 98
　　6.2　地表现状调查情况 ··· 100
　　6.3　采空区现状特征 ·· 100
　　6.4　采空区出水点情况 ··· 125
　　6.5　采空区上、下分层矿房矿柱对齐情况 ················ 127
　　6.6　采空区监测情况 ·· 131
　　6.7　采空区岩体波速测试 ······································ 131

7　采空区治理 ·· 138
　　7.1　治理范围 ··· 138
　　7.2　治理工程 ··· 139

8　采空区在线监测监控 ··· 159
　　8.1　背景及意义 ·· 159
　　8.2　技术方案 ··· 159
　　8.3　系统管理 ··· 164
　　8.4　GZY20型矿用地压监测系统监测结果 ··············· 164

9　采空区垮塌原因分析及安全保障措施 ·························· 166
　　9.1　采空区垮塌原因分析 ······································ 166
　　9.2　采空区存在的主要安全问题 ···························· 168
　　9.3　安全保障措施 ··· 169

10　主要结论 ··· 177
　　10.1　采空区现状调查结论 ···································· 177
　　10.2　采空区顶板受力与稳定性分析结论 ·················· 177
　　10.3　采空区矿柱受力与稳定性分析结论 ·················· 178
　　10.4　要求及建议 ··· 178
　　10.5　说明 ··· 178

参考文献 ··· 179

1　绪　　论

1.1　矿山基本情况

山东鲁能泰山矿业开发有限公司石膏矿（以下简称鲁能石膏矿）位于泰安市岱岳区马庄镇，由原鲁能一矿（大寺矿段）、鲁能二矿（西张矿段）及西南部扩界区组成（图1-1）。原鲁能一矿由原兖州矿业集团有限责任公司设计院设计，设计生产能力为20万t/a，于1993年开始建设，1996年年底建成投产；原鲁能二矿

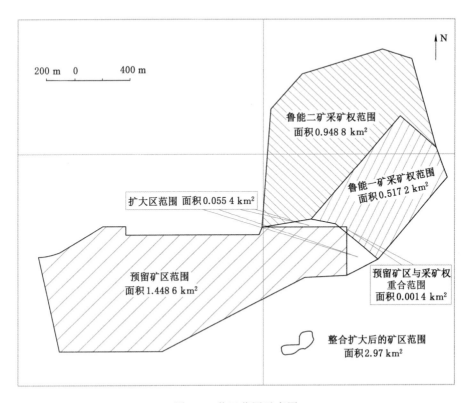

图1-1　井田范围示意图

亦由原兖州矿业集团有限责任公司设计院设计,设计生产能力为 40 万 t/a,于 1998 年开始建设,2000 年年底建成投产;西南部扩界区尚未进行设计及建设。2010 年企业将鲁能一矿(大寺矿段)、鲁能二矿(西张矿段)及西南部扩界区进行资源整合为鲁能石膏矿,原鲁能一矿井田称为一号井,原鲁能二矿井田称为二号井,2012 年由山东联创建筑设计有限公司完成初步设计和安全设施设计。

鲁能石膏矿生产规模为 60 万 t/a,开采标高为 20～−200 m,由 22 个拐点圈定,面积约为 2.97 km²。拐点坐标如表 1-1 所示。

表 1-1　井田范围拐点坐标(1980 西安坐标系)

点号	X/m	Y/m	点号	X/m	Y/m
1	3 981 404.74	20 495 934.65	12	3 980 483.38	20 495 216.14
2	3 982 292.35	20 496 000.03	13	3 980 483.77	20 494 441.93
3	3 982 556.35	20 496 237.02	14	3 981 181.96	20 494 294.41
4	3 982 730.36	20 496 811.02	15	3 981 210.58	20 494 441.65
5	3 982 660.36	20 497 038.03	16	3 981 408.17	20 494 773.75
6	3 981 990.36	20 497 221.03	17	3 981 408.05	20 494 933.48
7	3 981 776.36	20 497 301.03	18	3 981 346.41	20 494 933.45
8	3 981 166.35	20 496 791.04	19	3 981 345.91	20 495 910.71
9	3 981 050.77	20 496 562.13	20	3 981 354.35	20 495 914.14
10	3 981 034.46	20 496 257.52	21	3 981 354.35	20 495 918.03
11	3 980 792.47	20 495 767.62	22	3 981 366.13	20 495 918.93

1.2　矿山自然地理

1.2.1　交通位置

鲁能石膏矿矿区位于泰安市岱岳区马庄镇境内。极值地理坐标范围为:东经 116°56′14″～116°58′14″,北纬 35°57′15″～35°58′28″,矿区面积约为 2.97 km²。矿区东北距离泰安市区 27 km,西北距离肥城市区 32 km,矿区东距 104 国道 12 km,东南距京沪铁路大汶口站约 13 km,东北距京福高速满庄立交桥21 km。矿区有乡镇公路与 104 国道相接,交通便利。

1.2.2　地形地貌

矿区所处地貌为山间河谷冲洪积平原,沿大汶河发育,地形平缓,平均坡度小于 1:1 000,东北部地势略高,西南低。地面海拔高度最高 86.30 m,最低 81.80 m,

相对高差 4.50 m。

1.2.3　气象、水文

1.2.3.1　气象

矿区属温带大陆性季节气候区,四季分明。年平均气温 13 ℃,最高 40 ℃,最低−18 ℃。多年平均降水量 779 mm,主要集中在 6—9 月,历年最大降水量 1 475.9 mm(1964 年),最小降水量 341.3 mm(1989 年)。具有春旱多风、夏热多雨、冬季干燥的气候特征,无霜期 190 d 左右。

1.2.3.2　水文

矿区南邻大汶河,矿区边界距大汶河的最近距离为 116 m。矿区内河流主要为幸福河。

幸福河为人工河渠,是季节性河流,为泄洪河道,主要用于农田灌溉。幸福河流入矿区以北的漕河。

大汶河发源于山东旋崮山北麓沂源县境内,汇注东平湖,出陈山口后入黄河。干流河道长 239 km,流域面积 9 098 km²。大汶河多年平均径流量约 18.2 亿 m³,水集中来自洪水时期,7—8 月径流量占全年径流量的 64%,1—6 月的水量只占全年的 5% 左右。年际间水量丰枯悬殊,实测最大年径流量 60.7 亿 m³(1964 年),最小年径流量只有 5 亿 m³(1968 年)。

1.3　矿井地质条件

1.3.1　矿井地层

根据钻孔揭露,井田地层有奥陶系马家沟群、古近系官庄群大汶口组、新近系黄骅群明化镇组及第四系临沂组、第四系沂河组。

1.3.1.1　奥陶系马家沟群($O_{2-3}M$)

井田内赋矿地层沉积基底,岩性主要为厚层微晶灰岩及云斑灰岩、白云质灰岩等。基底界面呈起伏形态,其埋藏深度具有自东向西、自南向北逐渐增大趋势。一般埋藏深度为 240～350 m。

1.3.1.2　古近系官庄群大汶口组($E_{2-3}d$)

该地层为井田内主要地层,岩性主要为碎屑岩＋泥灰岩＋石膏岩沉积组合。地层倾向 340°～350°,倾角 5°～11°,地层一般厚 200～350 m。矿区内钻孔控制地层为大汶口组二段和三段,其岩性特征自下而上简述如下。

(1) 大汶口组二段(E_2d 2):下部岩性主要为泥灰岩、含膏泥灰岩,夹泥岩、页岩及薄层石膏岩,局部见有薄层状细砂岩。泥灰岩呈浅-深灰色、浅灰微带绿色,泥晶、微晶结构,薄层-中厚层状。石膏岩(矿)层厚 0.10～1.28 m。泥灰岩裂隙中充填有稀疏的纤维石膏细脉,脉宽 0.10～2.00 cm。

中部岩性主要为石膏岩,与含膏泥灰岩、泥灰岩、泥岩等互层产出,为主要赋矿层位,自上而下共赋存石膏矿层 11 层,一般厚 50～200 m。

上部岩性主要为泥灰岩、泥岩,厚 5.94～26.96 m,矿区内由南向北逐渐增厚。

（2）大汶口组三段（E_3d 3）：岩性主要为泥岩、泥灰岩、页岩及含砂泥岩、砂岩和薄层砾岩,下部夹薄层石膏岩。该地层厚 50～450 m,自东向西、自南向北逐渐变厚。

1.3.1.3 新近系黄骅群明化镇组（N_2m）

该地层隐伏分布于第四系之下,覆于古近系官庄群之上。岩性主要为杏黄色黏土岩、粉砂岩。据钻孔揭露资料,地层厚 2.29～16.30 m,产状平缓,与下伏官庄群大汶口组呈不整合接触关系。

1.3.1.4 第四系全新统临沂组（Q_hl）

该地层分布于整个井田,为冲积、冲洪积堆积,顶部为砂质黏土层,厚 2.80～4.20 m;中下部为砂层、沙砾层,底部发育冲洪积粉砂质黏土,厚 15.00～27.25 m。

1.3.1.5 第四系全新统沂河组（Q_hy）

该地层分布于井田南部大汶河沿岸,为河流相砂、砾石,厚 4.5 m。

1.3.2 矿井地质构造

井田内地层呈单斜状构造,倾向 340°～350°,倾角 5°～23°。

如图 1-2 所示,井田共发育 10 条断裂构造,其中:HF_1、HF_2 断层发育于矿区的东北部边缘,为二维地震、电测深物探资料推测断层;HF_3、HF_4、HF_5、HF_6 断层发育于矿区东南部边缘,为巷道和探水钻孔控制断层;XF_{11}、XF_{11-1}、XF_{12}、XF_{13} 断层发育于矿区南部。

HF_1 断层:总体走向 58°,井田内延展长度 530 m 左右,倾向 NW,倾角 60°～70°,推测断距 10～45 m。

HF_2 断层:位于井田东北部,总体走向 62°,井田内延展长度 900 m 左右,倾向 NW,倾角 60°～70°,推测断距 0～20 m。

HF_3 断层:总体走向 65°,井田内延展长度 300 m 左右,倾向 SE,倾角 75°,断层性质为正断层,两盘落差 4 m 左右,对矿层有一定破坏作用。

HF_4 断层:总体走向 65°,井田内延展长度 130 m 左右,倾向 SE,倾角 75°,断层性质为正断层,两盘落差 0～3 m,对矿层有一定破坏作用。

HF_5 断层:总体走向 70°,井田内延展长度 80 m 左右,倾向 NW,倾角 75°,断层性质为正断层,两盘落差 0～3 m,对矿层有一定破坏作用。

HF_6 断层:位于井田东南部,根据矿山生产探水、局部揭露出水点和矿层倾

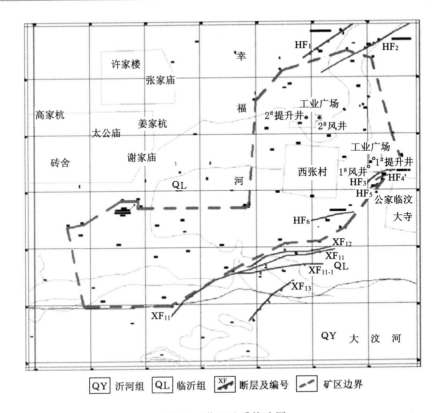

图 1-2 井田地质构造图

角变化情况推断,断层总体走向 78°,井田内延展长度 1 200 m,断裂带宽度
17 m,倾向 SE,倾角 50°～75°,断层性质为正断层,两盘落差 0～30 m,对矿层有
一定破坏作用。

XF$_{11}$断层:位于井田南部,断层走向 NEE,倾向 NNW,倾角 60°～65°,为正
断层。井田内延伸长度 1 700 m,断距 30～60 m,切穿官庄群及其沉积基底。

XF$_{11-1}$断层:位于井田南部,XF$_{11}$断层以南。断层走向 NEE,倾向 SSE,倾角
60°,深部倾角变大为 60°～70°,为正断层。井田内延伸长度 400 m,垂直断距
20～40 m。切穿官庄群及其沉积基底。

XF$_{12}$断层:位于井田南部,XF$_{11}$断层以北。断层走向 NEE,倾向 NNW,倾
角 30°左右,为正断层。井田内延伸长度 800 m,断距 0～20 m,向西断距变小至
尖灭。

XF$_{13}$断层:位于井田南端,XF$_{11}$断层以南。断层走向 NE,倾向 SE,倾角
60°,为正断层。井田内延伸长度 300 m,断距 0～20 m,向东变小。

1.3.3 矿井水文地质

1.3.3.1 含水层

井田内主要有第四系含水层、矿带顶板含水层、一矿带与二矿带之间沙砾岩含水层、奥陶系岩溶裂隙含水层,自上而下分述如下。

(1)第四系含水层:该层为大汶河冲积层,含水层厚 4~8 m,水位埋深 1.90~5.13 m,上部为 0.6~6.0 m 厚弱透水性的砂质黏土,中部为沙砾石层,松散,分选性较好。沙砾石层含水丰富,单位降深涌水量为 0.003 373~0.033 497 m³/(s·m),渗透系数为 37.15~113.03 m/d。水质较好,是当地工农业生产用水的主要来源。

(2)矿带顶板含水层:该层分布于井田,岩性为泥岩,泥灰岩夹钙质胶结砂岩、砾岩、钙质页岩,岩溶以溶孔、溶隙形式存在,属岩溶裂隙水,含水层厚 51.00~80.58 m,水位埋深 3.12~3.39 m,单位降深涌水量为 0.174 0~0.223 2 m³/(s·m),渗透系数为 0.22~0.28 m/d,属中等富水含水层,上覆古近系顶部隔水层,下部与大汶口组三段底部泥岩、泥灰岩隔水层整合接触。

(3)一矿带与二矿带之间沙砾岩含水层:该层分布于井田,岩性为钙质泥页岩、钙质砂岩、泥灰岩,单位降深涌水量为 5.330 9~7.499 5 m³/(s·m),渗透系数为 0.084 2 m/d,属弱含水层。

(4)奥陶系岩溶裂隙含水层:该层分布于井田的南侧,位于矿带底板隔水层之下,岩性为灰岩。井田内无露头,仅 ZK410 钻孔揭露,揭露层顶埋深 159.40 m、标高-72.70 m,揭穿厚度 427.5 m。揭露的岩石溶孔、溶隙发育主要有两段:159.40~171.40 m 段的上部为泥质充填,底部为方解石晶体半充填-微充填;188.50~191.40 m 段为方解石晶体半充填-微充填。水位埋深 11.5~12.3 m,年水位变幅 2.8~3.2 m;单位降深涌水量为 0.000 44~0.054 34 m³/(s·m),渗透系数为 3.98 m/d,属中等富水含水层。水化学类型局部为 $HCO_3 \cdot SO_4 \cdot Cl\text{-}Ca \cdot Na$ 型水,水质一般。

1.3.3.2 隔水层

井田主要有古近系顶部隔水层、一矿带顶板隔水层、二矿带顶板隔水层、二矿带隔水层、二矿带相对底板隔水层,自上而下分述如下。

(1)古近系顶部隔水层:该层分布于井田,岩性为泥岩或泥岩夹泥质胶结砂岩,埋深 15.50~22.95 m,厚 6.75~34.35 m。上覆第四系沙砾石含水层,下伏一矿带顶板含水层,抽水试验说明本层具有良好的隔水性。

(2)一矿带顶板隔水层:该层分布于井田,位于古近系大汶口组三段下部,连续、稳定。岩性为泥岩、泥灰岩夹泥质胶结砂岩、砾岩,钙质页岩,顶部埋深 88.00~130.31 m,厚 12.35~116.19 m。上覆一矿带顶板含水层,下伏一矿带及二矿带顶板。岩溶、裂隙发育较差,属良好的隔水层。

（3）二矿带顶板隔水层：该层分布于井田，岩性为泥岩、泥灰岩夹板状、线状石膏，泥岩、泥灰岩夹页岩、砂岩。顶部埋深 125.93～204.19 m，厚 26.59～71.39 m。上覆一矿带顶板隔水层，下部与二矿带整合接触。单位降深涌水量为 0.000 097 9～0.000 199 0 L/(s·m)，属良好的隔水层。

（4）二矿带隔水层：该层分布于井田，岩性为石膏夹泥岩、泥灰岩、页岩，局部夹砂岩、泥质灰岩。顶部埋深 150.52～267.30 m，厚 26.59～71.39 m。上覆二矿带顶板隔水层，下部与二矿带相对底板隔水层整合接触。单位降深涌水量为 0.000 056 9～0.000 853 0 L/(s·m)，属良好的隔水层。

（5）二矿带相对底板隔水层：该层分布于井田，岩性为泥灰岩夹石膏、泥岩、灰岩。顶部埋深 184.52～349.35 m，厚度大于 81 m。上覆二矿带隔水层，下伏大汶口组一段紫红色泥岩。单位降深涌水量为 0.000 24 L/(s·m)，属良好的隔水层。

1.3.3.3 地下水补、径、排情况

（1）补给：第四系孔隙水含水层的补给以大气降水为主，其次为相邻地表水的侧向补给和人工补给（农业灌溉）。古近系岩溶裂隙含水层由于上覆隔水层隔水性较好，未接受第四系直接补给，主要是越流补给兼少量侧向连通破碎带的补给。寒武、奥陶系岩溶裂隙含水层以侧向补给为主，浅埋地段接受天窗补给或第四系含水层越流补给。

（2）径流：已勘探矿段的长期观测及水文物探测井资料表明，各含水岩组总体流向基本一致，在盆地东部、东南部，由东南流向西北；在盆地中部，由东流向西；在盆地西南部，由东北流向西南。具体地段受赋水层分布形态或补给、排泄条件的影响，地下水径流方向稍有变化。

（3）排泄：各含水岩组的主要排泄方式为顺流向最终排出盆地，通过人工开采或以泉的形式转化为地表水（如上泉、臭泉等）。

1.3.3.4 断层构造水文地质特征

根据矿山开采过程中对断层的揭露，井田内断层特点是：埋深小、长度小、断距小、影响宽度小、连续性差；大多数不导水且不富水，仅 HF_3 和 HF_6 断层导水且富水性中等。

根据现场调查，1501 采空区 $3^\#$ 采房出水点距 HF_3 断层约 51 m，出水量约为 3.2 m^3/h；1502 采空区 $44^\#$、$45^\#$ 采房出水点距 HF_3 断层约 36 m，距 HF_6 断层约 90 m，两个采房出水量分别为 1.8 m^3/h 和 1.78 m^3/h；Ⅱ-2 矿层二采轨道上山出水点距 HF_6 断层约 28 m，出水量约为 5 m^3/h；Ⅱ-2 矿层 205-3 采空区 $3^\#$ 采房顶板出水点距 HF_6 断层约 17 m，出水量约为 4 m^3/h；1502 采空区 $0^\#$ 采房出水点距 HF_6 断层约 40 m，出水量约为 0.7 m^3/h。

综上所述,靠近断层的出水点及出水量大小证明了 HF_3 和 HF_6 断层为导水富水中等断层,对矿山开采有一定的影响。

1.3.3.5 矿井涌水量预测

根据原鲁能一矿、鲁能二矿长期矿井排水观测记录,采用比拟法进行矿井涌水量预测,一号井矿井涌水量为 13 m^3/h,二号井矿井涌水量为 3.3 m^3/h。

全矿井涌水量计算公式如下:

$$Q_1 = Q_0(F_1 S_1 / F_0 S_0)$$

式中,Q_1 为预测矿坑涌水量,m^3/h;F_1 为预测矿坑面积,m^2;S_1 为预测矿坑水位降深,m;Q_0 为引用矿坑涌水量,m^3/h;F_0 为引用矿坑面积,m^2;S_0 为引用矿坑水位降深,m。

水文地质参数的选择:F_1 为 2.967 0 km^2,F_0 为 0.948 8 km^2;综合考虑核实区含水层的相似性,认为预测矿坑与引用矿坑水位降深相等,取 $S_1/S_0 = 1$;Q_0 取一号井、二号井矿井涌水量平均值 8.2 m^3/h。

计算结果为 $Q_1 = 25.6$ m^3/h。

1.3.4 矿井开采地质

1.3.4.1 顶板

矿带顶板岩性以泥岩、页岩为主,夹少量砂岩,北厚南薄,厚 58.09～166.30 m,层顶埋深 16.80～23.70 m、标高 61.37～68.85 m,层底埋深 80.40～190.00 m、标高 32.78～-67.07 m。本层岩石岩溶、裂隙一般不发育,但泥岩遇水软化,页岩结构面发育,顶板的工程地质稳定性较差。

1.3.4.2 底板

底板岩性为泥岩、泥灰岩夹页岩,分布在整个井田内,厚度向盆地南缘变薄、埋深随之减小,井田内仅东南部 ZK410 钻孔揭穿,揭穿厚度 40.86 m,ZK309、ZK109、ZK110 钻孔未揭露,揭露层顶埋深 118.54～178.92 m,标高-31.84～-93.17 m。该层岩石岩溶、裂隙一般不发育,但泥岩遇水软化,直接做巷道底板易产生浸水变形,稳固性较差。

1.3.4.3 矿带

岩性以石膏为主,夹层为泥质岩类的页岩、泥岩、泥灰岩,厚度向盆地南缘变薄、埋深随之减小,层顶埋深 80.40～190.00 m、标高 32.78～-67.07 m。根据地质资料钻孔显示,ZK309、ZK109、ZK110 钻孔未揭穿,揭露层底埋深 118.54～178.92 m,标高-31.84～-93.17 m。揭露最大厚度 103.83 m。石膏,中细粒结构,局部为粗粒变晶结构,条带状-中厚层状构造,节理、裂隙不发育;夹层,泥质-钙泥质结构,页理-中厚层状构造,节理、裂隙局部发育,遇水软化,失水开裂。

根据采空区时间和空间分布,对采空区矿柱进行取芯钻探和波速测试,
209-2-1#、222-83#、210-3-1#、1502-1#、1502-2#、2202-1#、4402#、4401#、4304#、
2508# 钻孔层剪切波波速范围为 237.14～255.71 m/s,抗压强度为 8.5～55.8 MPa,
岩体物理力学指标变异系数大,岩体较完整,工程地质条件一般。

1.3.4.4 矿层

井田内石膏矿层赋存于官庄群大汶口组二段上部,呈单斜层状,产状与地层
产状一致,总体 340°～350°∠5°～11°。以往工作勘查报告中自上而下共划分矿
层 11 层,其中Ⅰ、Ⅱ、Ⅲ、Ⅳ、Ⅴ、Ⅵ、Ⅶ矿层为核实范围内矿层,在矿山开采中东
部的西张矿段、大寺矿段Ⅱ矿层又进一步划分为Ⅱ-1、Ⅱ-2、Ⅱ-3、Ⅱ-4 等 4 个分
层,核实范围内矿层基本特征见表 1-2。

表 1-2 矿层基本特征统计表

矿层	厚度			品位			产状/(°)
	变化范围/m	平均/m	变化系数/%	变化范围/%	平均/%	变化系数/%	
Ⅰ	1.04～2.04	1.58	30.0	56.22～67.56	59.44	4.6	343∠8～9
Ⅱ	7.35～33.82	15.02	64.4	45.02～96.84	74.57	23.5	343∠5～9
Ⅱ-1	1.71～10.92	4.31	55.9	47.97～96.82	69.14	10.2	343∠5～9
Ⅱ-2	3.02～13.81	7.62	41.0	45.02～96.84	76.67	9.3	343∠5～9
Ⅱ-3	3.43～15.70	7.01	41.3	45.34～94.93	79.20	9.7	343∠5～9
Ⅱ-4	1.97～9.96	6.64	34.8	45.34～91.42	78.10	13.2	343∠5～9
Ⅲ	4.29～21.33	10.64	52.9	45.39～94.79	76.15	6.4	343∠5～10
Ⅳ	1.00～11.49	5.52	47.8	45.39～92.63	69.06	11.9	343∠7～11
Ⅴ	1.40～8.20	3.85	53.8	45.05～83.06	65.25	10.2	343∠8～9
Ⅵ	1.05～4.20	2.25	70.2	54.91～84.95	68.52	12.9	343∠9～11
Ⅶ	1.15～2.02	1.40	35.0	62.41～78.16	72.47	11.9	343∠9～11

各矿层一般特征分述如下:

(1) Ⅰ矿层:井田最顶部矿层,分布于井田的东北部,由 ZK201、ZK601、
CK30 钻孔分别控制,沿走向控制最大长度 350 m,沿倾向宽度 143 m,分布面积
0.05 km²,顶板埋深 143.03～180.99 m,赋存标高 -57.62～-96.51 m。

(2) Ⅱ矿层:井田主要矿层,分布于整个井田,工程控制沿走向最大长度
2 940 m,沿倾向最大宽度 1 360 m,分布面积 2.96 km²。矿层厚度一般井田东
部 2～8 线较大,为 13.32～33.82 m;西部 0～7 线较小,为 7.35～19.12 m。矿层

顶板埋深 75.00～267.30 m,赋存标高＋11.70～－206.67 m。上距Ⅰ矿层1.06～1.42 m,平均间距 1.19 m。

矿山开采中在井田东部将Ⅱ矿层进一步划分为 4 个分层,各分层主要特征如下:

① Ⅱ-1 层:Ⅱ矿层的第 1 分层,工程控制沿走向最大长度 1 160 m,沿倾向最大宽度 1 360 m,分布面积 1.46 km²。矿层顶板埋深 75.00～267.30 m,赋存标高－2.58～－184.99 m。

该层在 4 线的 ZK403 孔分支为 2 个单层。矿山开采中该分层作为护矿顶板保留。

② Ⅱ-2 层:Ⅱ矿层的第 2 分层,工程控制沿走向最大长度 1 160 m,沿倾向最大宽度 1 360 m,分布面积 1.46 km²。矿层顶板埋深 94.98～273.79 m,赋存标高－12.40～－194.33 m。上距Ⅱ-1 层 1.72～8.57 m,平均间距 3.23 m。

矿山对该层已进行开采,采矿深度－70.47(＋10)～－180.00 m。

③ Ⅱ-3 层:Ⅱ矿层的第 3 分层,工程控制沿走向最大长度 1 160 m,沿倾向最大宽度 1 360 m,分布面积 1.46 km²。该层在 8 线的 CK30 孔分支为 2 个单层,矿层顶板埋深 103.98～282.27 m,赋存标高－16.40～－200.40 m。上距Ⅱ-2 层 0～7.83 m(CK28、CK3 孔为 0 m),平均间距 2.38 m。

矿山对该层已进行开采,采矿深度－10～－187 m。

④ Ⅱ-4 层:Ⅱ矿层的第 4 分层,工程控制沿走向最大长度 1 160 m,沿倾向最大宽度 1 360 m,分布面积 1.46 km²。该层在 2 线的 ZK203 孔分支为 2 个单层,矿层顶板埋深 121.41～288.32 m,赋存标高－22.42～－206.67 m。上距Ⅱ-3 层 0～11.75 m(ZK401 孔为 0 m),平均间距 2.47 m。

矿山对该层已进行开采,采矿深度－25～－180 m。

(3) Ⅲ矿层:井田主要矿层,分布于整个井田,工程控制沿走向最大长度 2 940 m,沿倾向最大宽度 1 360 m,分布面积 2.96 km²。该矿层一般分支为 2～3 个单层,在 ZK603 孔和 CK30 孔分支为 4 个单层。矿层厚度一般东部较大,为 7.04～21.33 m;西部较小,为 4.29～11.72 m。矿层顶板埋深 114.57～294.87 m,赋存标高－18.38～－224.32 m。上距Ⅱ矿层 1.03～15.47 m,平均间距 5.24 m。

矿山对该层已进行开采,采矿深度－50～－180 m。

(4) Ⅳ矿层:主要分布于井田东部,工程控制沿走向最大长度 1 200 m,沿倾向最大宽度 1 360 m,分布面积 1.632 km²。该矿层大多由 2～3 个单层组成,矿层厚度一般中部较大,为 5.48～11.49 m;两端较小,为 1.00～4.53 m。矿层顶板埋深 125.34～320.87 m,赋存标高－37.15～－239.12 m。上距Ⅲ矿层 1.85～17.13 m,平均间距 5.91 m。

在井田西部,该矿层由 ZK708、ZK310、ZK312 钻孔分别控制,分布不连续,厚度为 1.20～1.61 m。

(5) V 矿层:分布于井田的东北部,工程控制沿走向最大长度 600 m,沿倾向最大宽度 596 m,分布面积 0.357 6 km²。该矿层在 6 线的 ZK601 和 8 线的 ZK803、CK30 等孔分支为 2 个单层。矿层厚度一般深部较大,为 3.83～8.20 m;浅部较小,为 1.40～2.90 m。矿层顶板埋深 231.36～335.65 m,赋存标高 -150.09～-259.72 m。上距 IV 矿层 1.03～15.26 m,平均间距 9.31 m。

(6) VI 矿层:由井田东、西两部分组成。

在井田的西部,工程控制沿走向最大长度 920 m,沿倾向最大宽度 290 m,分布面积 0.266 8 km²。矿层顶板埋深 146.46～225.30 m,赋存标高 -60.70～-139.87 m,矿层厚度为 1.05～1.85 m。上距 III 矿层(缺失 IV、V 矿层)10.29～25.10 m,平均间距 17.10 m。

在井田的东部,工程控制沿走向最大长度 920 m,沿倾向最大宽度 596 m,分布面积 0.548 km²。矿层顶板埋深 246.92～350.62 m,赋存标高 -161.19～-265.32 m。矿层厚度为 1.40～4.20 m。上距 V 矿层 5.60～10.70 m,平均间距 8.51 m。

(7) VII 矿层:分布于井田的东部,由 ZK202、ZK602、ZK603 钻孔分别控制,沿走向控制最大长度 573 m,沿倾向控制最大宽度 192 m,分布面积 0.11 km²。矿层顶板埋深 278.31～306.00 m,赋存标高 -195.65～-221.68 m。上距 VI 矿层 2.11～3.12 m,平均间距 2.55 m。

1.3.4.5 矿石

(1) 矿物成分。矿石矿物主要成分为石膏,含有少量硬石膏。脉石矿物主要成分为方解石、泥质,含有少量自然硫、铁质、石英、有机质等。

石膏:含量一般为 75%～95%;标本观察为灰白色、白色、棕灰色;具玻璃光泽、丝绢光泽;多呈粒状、板状,粒径为 0.01～3.00 mm,一般为 0.05～1.50 mm;相对密度 2.32;莫氏硬度 2.1。

硬石膏:含量为 0～7.82%,一般小于 5%;标本观察为灰白色、蓝灰色;半自形-他形,短柱状,粒径为 0.01～1.00 mm;相对密度 2.95;莫氏硬度 3.52;与石膏共生。

方解石:不规则粒状,粒径为 0.01～0.20 mm;零星充填于石膏中,矿石中含量一般为 3%～5%,纹层状、条带状石膏矿石中含量较高,可达 16%。

泥质:褐色;呈土状集合体构成层纹,或填隙石膏晶粒间,为主要的脉石矿物,矿石中含量一般为 3%～5%。

自然硫:淡黄、浅褐色,呈不规则团块状或星点状,不均匀分布;一般含量小于1%,有的部位达4%(ZK011)。

氧化铁质:镜下红褐色,细粒状分散于泥质中,含量不大于1%。

石英:他形粒状,粒径小于0.2 mm,正低突起,充填于石膏中,偶见。

有机质:分布于泥质条纹或与泥灰质共生,呈黑色细小片状,含量不大于1%。

(2)矿石结构、构造。

① 矿石结构:主要为半自形-他形粒状、板状结构,纤状-鳞片状变晶结构,交代残余结构等。

半自形-他形粒状、板状结构:石膏粒状、板状晶体紧密镶嵌。石膏晶体呈半自形-他形粒状、板状。晶体粒度较大,粒径一般为0.10~3.00 mm。

纤状-鳞片状变晶结构:石膏呈细小的纤维状、鳞片状,晶粒紧密接触,具定向排列。粒径一般为0.01~1.00 mm。

交代残余结构:硬石膏呈他形粒状,不均匀分布于石膏中,具有次生加大现象,晶体增大。硬石膏为交代残留体。

② 矿石构造:主要为块状构造、条带状构造、纹层状构造、角砾状构造,其次为梳状构造。

块状构造:石膏均匀分布,含少量的泥质、方解石等杂质;具块状构造的矿石品位较高,一般大于75%。

条带状构造:石膏与泥质或泥灰质呈薄层状互层产出,形成黑白相间且厚度不等的条带,泥质条带中含少量石膏。

纹层状构造:石膏与泥质、方解石、黄铁矿等呈纹层状互层分布。

角砾状构造:泥质或石膏呈角砾状,石膏砾径为0.10~2.50 mm,具次生加大边。

梳状构造:石膏板状斑晶的长轴方向垂直泥质及泥晶白云石条带生长,其排列方式似梳齿状。

(3)矿石化学成分。矿石化学成分主要为CaO、SO_3、H_2O^+,其他为MgO、SiO_2、Al_2O_3、Fe_2O_3、FeO、K_2O、Na_2O、SrO、H_2O^-、CO_2、Cl^-、S等。

CaO、SO_3、H_2O^+为矿石矿物石膏、硬石膏的组分。CaO含量为30.11%~38.98%,平均为34.43%;SO_3含量为27.56%~41.06%,平均为33.61%;H_2O^+含量为12.52%~18.71%,平均为15.03%。矿石品位与SO_3、H_2O^+含量变化呈正相关,与CaO含量变化关系不明显。

自然硫(S_o)是矿石伴生的主要有害组分,一般含量为0.012%~0.980%,平均为0.290%。

1.4　矿山开采概况

1.4.1　矿山开拓系统

1.4.1.1　一号井开拓系统

一号井采用竖井、单水平上下山开拓系统,主井(编号为 $1^\#$ 提升井)、风井(编号为 $1^\#$ 风井)均布置于井田范围东部。主井井底运输水平为 -45 m(落底水平位于 Ⅱ-2 矿层内)。

(1)主井:净径 4.8 m,井筒内装备一对 0.9 m³ 单层单车普通罐笼,钢丝绳罐道,提升机型号为 2JK-2/20E,主要担负矿石、材料、设备的提升及人员的升降,兼作矿山的入风井。井筒内设提升间、梯子间、管缆间。

主井井筒中心坐标: $X=3\,981\,740.613$ m, $Y=20\,497\,082.914$ m, $Z=+89$ m。

进出车方位:92°/272°。

(2)风井:净径 3.5 m,作为矿山的回风井,内设梯子间兼作矿山的安全出口。风井井底标高为 -35 m。

风井井筒中心坐标: $X=3\,981\,670.673$ m, $Y=20\,496\,997.914$ m, $Z=+87.25$ m。

一号井主采 Ⅱ、Ⅲ、Ⅳ 膏层,等高线为 $-20\sim-125$ m。前期只采 Ⅱ 膏层,井底车场和运输大巷均布置在 Ⅱ 膏层,用石门联络其他膏层。矿井采用单水平联络,开采水平 -43 m。

1.4.1.2　二号井开拓系统

二号井位于一号井西北侧。混合井(编号为 $2^\#$ 提升井)、风井(编号为 $2^\#$ 风井)均布置于井田范围中部。

(1)混合井:净径 6 m,井筒内装备一对单层双车普通罐笼,采用 2JK-3/11.5E 型单绳缠绕式提升机提升,主要担负矿石的提升和人员、材料、设备的上下,兼作矿山的进风井。井筒内设提升间、梯子间、管缆间。混合井井底运输水平为 -160 m 水平(落底水平位于 Ⅱ-4 矿层内)。

混合井井筒中心坐标: $X=3\,982\,139.450$ m, $Y=20\,496\,450.550$ m, $Z=+87.40$ m。

进出车方位:90°/270°。

井底运输水平标高: -160 m。

(2)风井:净径 3.5 m,作为矿山的回风井,内设梯子间兼作矿山的安全出口。风井井底标高 -144 m。

风井井筒中心坐标: $X=3\,982\,136.315$ m, $Y=20\,496\,566.858$ m, $Z=+87.20$ m。

二号井主采 Ⅱ、Ⅲ、Ⅳ 膏层,等高线为 $-100\sim-220$ m,倾斜长度平均为

900 m,根据井筒位置和井下开采条件,确定矿井采用一个水平开拓,轨道大巷标高－160 m。

目前鲁能石膏矿已形成了完整的竖井、上下山开拓系统,提升井井底车场附近均设有永久水仓、水泵房和变电所。已形成采矿生产能力多年,现在正常生产。

矿井整合后,鲁能石膏矿相当于两个水平开拓,第一水平为－43 m,第二水平为－160 m,每个水平各由一对立井开拓,独立通风。

1.4.2 矿山采区划分及开采顺序

1.4.2.1 采区划分

一号井:本着合理布局、集中生产并保证采场接续的原则,将目前勘探范围划分为 6 个采区:－43 m 水平以上布置 2 个采区,即一采区和二采区;－43 m 水平以下布置 4 个采区,即三采区、四采区、五采区和六采区。

二号井:将勘探范围划分为 4 个采区:－160 m 水平以上布置 2 个采区,即一采区和二采区;－160 m 水平以下布置 2 个采区,即三采区和四采区。

1.4.2.2 开采顺序

矿层之间的开采顺序为下行式,即Ⅱ膏层→Ⅲ膏层→Ⅳ膏层,Ⅱ膏层采用 2～3 个分层开采,分层之间的开采顺序也为下行式。

1.4.3 采矿方法

矿井设计主采矿层为Ⅱ矿层、Ⅲ矿层与Ⅳ矿层,其中Ⅱ矿层有 3 个可采层,分别为Ⅱ-2 层、Ⅱ-3 层、Ⅱ-4 层,Ⅲ矿层有一个可采层Ⅲ-2 或Ⅲ-3,Ⅳ矿层有一个可采层Ⅳ-2。目前,一号井、二号井范围内正在正常开采,开采矿层主要为Ⅱ-2、Ⅱ-3、Ⅱ-4 三层,均采用竖井开拓系统,年生产能力共 60 万 t,采矿方法为浅孔房柱法,分层矿房平行布置,单层内矿房沿走向布置,顺倾斜推进。水平隔离矿柱宽 3～5 m,矿房宽 4 m,矿房采高一般为 4 m。各分层至少留顶膏 1.5 m,底膏 1.0 m。层间的垂直隔离矿柱至少为 5 m。采用手持式煤电钻或简易凿岩台车打眼,浅孔爆破法落矿。目前大寺矿段(一号井)的Ⅱ-2 膏层已基本开采完毕,Ⅱ-3 膏层由于厚度及与上下矿之间层间距均较小,现选择性开采,以Ⅱ-4 膏层开采为主。二号井目前Ⅱ-2、Ⅱ-3、Ⅱ-4 膏层同时开采,西南部扩界区未进行开采活动。

1.4.4 采空区分布及规模

1.4.4.1 采空区分布情况

一号井 1993 年建矿,二号井 1997 年建矿,1993—2013 年主要在设计一期工程Ⅱ矿层内从事采矿活动,2013 年开始对Ⅲ矿层进行开拓。截至 2022 年 12 月 31 日共形成采空区 180 个,不连续采空区面积约 1 366 567 m²(图 1-3～图 1-6),形成采空区体积约 5 466 268 m³。

矿区范围 采空区

图 1-3 II-2 层采空区分布图

□ 矿区范围　　▨ 采空区

图 1-4　II-3层采空区分布图

□ 矿区范围 ▨ 采空区

图 1-5 II-4层采空区分布图

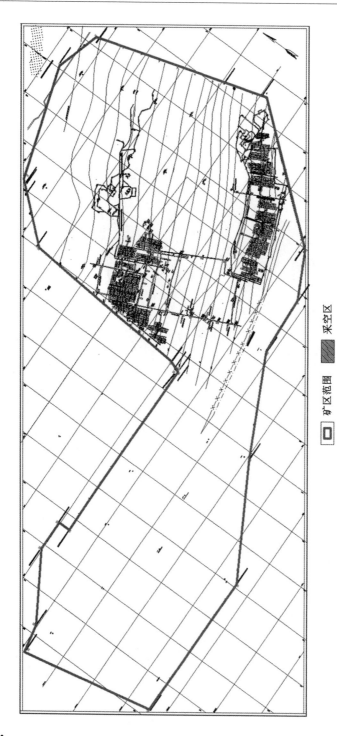

矿区范围 ▨ 采空区

图 1-6 Ⅲ-2层采空区分布图

1.4.4.2 采空区规模及形成时间

截至 2022 年,采空区规模及形成时间见表 1-3。

表 1-3 采空区规模及形成时间

序号	采空区名称	形成时间	面积/m²	序号	采空区名称	形成时间	面积/m²
1	202-1	1996 年	3 504	29	212-3	2003 年	5 328
2	202-2	1997 年	1 880	30	212-4	2004 年	3 639
3	203-1	1997 年	4 513	31	222-12	2004 年	2 942
4	203-2	1997 年	6 492	32	222-22	2004 年	4 139
5	203-3	1998 年	3 609	33	222-32	2002 年	4 235
6	204-1	1998 年	3 724	34	222-6 东	2002 年	5 725
7	204-2	1999 年	2 613	35	222-7	2001 年	6 244
8	204-3	1999 年	3 143	36	222-11	2004 年	3 586
9	205-1	1999 年	2 754	37	222-21	2003 年	2 469
10	205-2	1999 年	3 331	38	222-31	2003 年	2 284
11	205-3	1999 年	1 677	39	222-41	2002 年	4 149
12	208-1	2002 年	5 485	40	222-51	2001 年	2 727
13	208-2	2002 年	4 669	41	222-14	2007 年	7 280
14	208-3	2002 年	5 641	42	222-34	2006 年	3 612
15	209-1	2000 年	3 734	43	222-13	2003 年	2 867
16	209-2	2001 年	3 391	44	222-23	2003 年	3 088
17	209-3	2001 年	2 662	45	222-44	2005 年	2 267
18	209-4	2001 年	1 890	46	222-33	2003 年	3 032
19	210-1	2000 年	1 487	47	222-54	2005 年	994
20	210-2	2001 年	2 747	48	222-64	2005 年	258
21	210-3	2002 年	4 135	49	222-83	2002 年	4 261
22	210-4	2002 年	4 229	50	222-6 西	2002 年	4 143
23	211-1	2001 年	3 180	51	422-11	2004 年	6 757
24	211-2	2002 年	3 885	52	422-21	2004 年	4 954
25	211-3	2003 年	4 880	53	422-31	2006 年	3 357
26	211-4	2004 年	4 270	54	122-13	2005 年	4 098
27	212-1	2002 年	4 837	55	122-23	2004 年	4 241
28	212-2	2002 年	4 274	56	122-33	2003 年	2 847

表 1-3(续)

序号	采空区名称	形成时间	面积/m²	序号	采空区名称	形成时间	面积/m²
57	122-43	2003 年	2 489	88	2401 东	2015 年	5 631
58	122-53	2002 年	1 811	89	2402 东	2012 年	4 427
59	122-12	2005 年	4 756	90	2403 东	2015 年	7 644
60	122-22	2004 年	3 002	91	301	2002 年	6 588
61	122-32	2003 年	5 040	92	304	2005 年	3 791
62	5201	2005 年	6 517	93	2505	2016 年	5 107
63	5202	2004 年	3 396	94	2506	2013 年	4 448
64	1402	2011 年	8 011	95	2508	2016 年	12 765
65	1403	2004 年	2 596	96	2404 东	2014 年	7 441
66	1404	2014 年	5 481	97	2405 东	2013 年	6 107
67	1405	2004 年	1 784	98	2406 东	2013 年	3 762
68	1409	2014 年	6 292	99	3406	2008 年	7 092
69	1407	2012 年	5 154	100	3408	2008 年	6 868
70	2401 西	2004 年	6 426	101	3410	2009 年	6 958
71	2402 西	2005 年	9 440	102	3407	2007 年	1 789
72	2403 西	2005 年	3 480	103	3409	2008 年	3 042
73	2404 西	2006 年	5 001	104	3411	2008 年	6 649
74	2405-西	2007 年	3 736	105	3405	2006 年	1 348
75	2406 西	2008 年	1 957	106	3403	2006 年	1 407
76	2407 西	2008 年	3 548	107	4401	2011 年	9 512
77	2400	2012 年	3 025	108	4402	2009 年	7 125
78	2402	2011 年	8 116	109	4403	2010 年	7 922
79	2403	2008 年	6 888	110	4404	2010 年	4 091
80	2404	2009 年	4 873	111	4405	2011 年	4 161
81	2405	2006 年	1 315	112	4406	2010 年	1 453
82	2406	2007 年	3 729	113	3203 西	2004 年	2 461
83	2407	2006 年	2 221	114	3204 西	2005 年	4 531
84	2408	2008 年	4 576	115	3203	2005 年	2 307
85	2410	2009 年	6 585	116	3204	2005 年	4 427
86	2412	2008 年	4 540	117	2201	2009 年	10 924
87	2414	2007 年	4 550	118	2202	2007 年	4 613

表 1-3(续)

序号	采空区名称	形成时间	面积/m²	序号	采空区名称	形成时间	面积/m²
119	2203	2007 年	2 026	150	8202	2012 年	8 313
120	4301	2009 年	891	151	8203	2013 年	7 327
121	4303	2007 年	5 279	152	8204	2014 年	5 136
122	4304	2009 年	11 640	153	8400	2019 年	39 064
123	4305	2005 年	9 029	154	8401	2020 年	21 450
124	4306	2007 年	4 566	155	8402	2021 年	43 491
125	4307	2006 年	1 786	156	8403	2020 年	3 624
126	1301-1	2010 年	7 301	157	8404	2018 年	15 928
127	1302-1	2011 年	5 245	158	1501	2015 年	14 235
128	1303-1	2011 年	8 076	159	1502	2015 年	19 423
129	1304-1	2013 年	8 753	160	2503	2015 年	7 791
130	1305-1	2013 年	1 699	161	2504	2016 年	4 186
131	1306-1	2013 年	7 252	162	1503	2017 年	22 528
132	1301-2	2013 年	9 746	163	1504	2019 年	50 752
133	1302-2	2013 年	9 021	164	1505	2021 年	27 300
134	1303-2	2016 年	6 409	165	1506	2022 年	43 000
135	1304-2	2012 年	9 142	166	2500	2019 年	15 268
136	1306-2	2012 年	3 077	167	2501	2017 年	29 791
137	123-5	2001 年	248	168	2502	2021 年	23 985
138	123-7	2001 年	1 595	169	2503 西	2019 年	27 638
139	2301	2010 年	8 415	170	2511	2022 年	28 938
140	2303	2011 年	8 667	171	2512	2022 年	20 720
141	2304	2011 年	4 499	172	2513	2022 年	18 486
142	2305	2011 年	3 582	173	2514	2022 年	42 125
143	2306	2012 年	3 330	174	2508 东	2022 年	34 056
144	2308	2006 年	6 510	175	1501-1	2022 年	34 226
145	207-1	2010 年	4 914	176	1502-2	2022 年	26 901
146	7201	2011 年	3 735	177	9201	2019 年	11 218
147	7202	2015 年	4 247	178	9202	2020 年	13 440
148	7203	2016 年	7 326	179	1406	2020 年	10 602
149	8201	2013 年	5 281	180	1411	2021 年	7 453
					合计		1 366 567

2 膏层及围岩物理力学性质确定

大汶口石膏矿区目前仍在开采的矿井主要有 3 个,一个是山东鑫国煤电有限责任公司汶阳石膏矿,一个是山东聚源矿业集团有限公司聚源石膏矿,另外一个就是鲁能石膏矿。这 3 个矿井均相邻,沿矿层走向东西分布,从东往西分别为鲁能石膏矿、聚源石膏矿和汶阳石膏矿。

从目前大汶口矿区开采揭露情况来看,在整个大汶口矿区,沿矿层的走向方向,从西往东,膏质越来越好,膏层厚度越来越大,物理力学性质也越来越好;沿矿层的倾斜方向,从南往北,膏层的厚度越来越大,膏质也越来越好。因此,从膏层赋存来看,鲁能石膏矿膏层赋存最好,不仅膏层厚,而且膏质好,物理力学性质也最好。

对鲁能石膏矿各膏层采空区顶、底板及矿柱石膏进行了钻探取芯,岩芯送具有资质的实验室进行物理力学性质试验,主要试验内容包括抗压强度、抗拉强度、弹性模量测试。

2.1 采样

根据鲁能石膏矿目前的生产开拓情况,在 II 膏层各分层及 III-2 膏层采场进行采样。为了更好地获取膏层及顶、底板各层位的试验样本,尤其是为了获取包含有层理及裂隙结构的试样,采用风镐破岩取芯和打钻取芯的方法获取岩样,巷道表面岩石采用风镐取样,表面深处采用打钻取芯,试样直径 60～80 mm。试样采集后进行必要的封装以防风化。

石膏矿石样本主要通过对采空区矿柱进行钻探取芯获取,取样地点为鲁能石膏矿井田采空区各膏层;顶、底板岩石样本主要通过对采空区矿房和巷道进行打钻取芯获取,取样地点主要是聚源石膏矿井田和鲁能石膏矿井田。

2.2 制样

试验试样按照《煤和岩石物理力学性质测定方法》(GB/T 23561)制取。

各项试验的试样均根据相应要求采用标准制样机制作。为防止制样时易软化泥岩遇水破坏,部分泥岩制样时采用油液作为冷却液。同时,为了分析裂隙对岩石强度的影响,每组岩样均取有裂隙较发育的试样。为防止试样开裂,对部分明显的裂隙视情况进行了胶黏处理。制作好的试样如图 2-1 和图 2-2所示。

图 2-1　圆柱试样(压缩试验试样)

图 2-2　圆盘试样(劈裂试验试样)

2.3　试验仪器及设备

试验采用 MTS815.03 电液伺服岩石试验机进行,试验系统如图 2-3 所示。压缩及劈裂试验试验机分别如图 2-4 和图 2-5 所示。

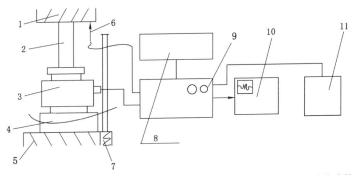

1—上加压板;2—试样;3—压力传感器;4—球形座;5—下加压板;6—位移传感器;
7—磁力表架;8,11—示波器;9—磁带记录仪;10—函数仪。

图 2-3　试验系统

图 2-4　压缩试验试验机　　　　　　图 2-5　劈裂试验试验机

2.4　试验方法

2.4.1　抗压强度试验

单轴抗压强度测试采用载荷控制法,加载速率控制为 0.5 MPa/s,一直加载直至试样破坏,记录破坏载荷及加载过程中出现的现象,描述试样的破坏形态(图 2-6)。

图 2-6　单轴抗压试验过程及试样破坏形态

图 2-6 （续）

按下式计算岩石的单轴抗压强度：

$$\sigma = \frac{P}{A}$$

式中，σ 为岩石单轴抗压强度，MPa；P 为试样破坏载荷，N；A 为试样截面积，mm^2。

2.4.2 抗拉强度试验

抗拉强度测试采用劈裂法，以 0.5 MPa/s 的速度加载直至试样破坏，记录破坏载荷及加载过程中出现的现象，描述试样的破坏形态（图 2-7）。

按下式计算岩石的抗拉强度：

$$\sigma_t = \frac{2P}{\pi Dh}$$

式中，σ_t 为岩石抗拉强度，MPa；D 为试样直径，mm；h 为试样厚度，mm。

2.4.3 饱和吸水试验

饱和吸水率测试采用煮沸法，所用试样为规则形，由于吸水过程中水只能进入开口型孔（裂）隙中，因此，通过饱和吸水性强弱能够了解岩样连通型孔隙的发育情况。

饱和吸水试验条件为：试样干燥温度为 110 ℃；干燥时间为 28 h；浸水时间 >60 h；煮沸时间控制为 6 h。

2.4.4 质量密度试验

质量密度测试方法有体积法和静水法，对于规则试样采用体积法，不规则试样采用静水法，而对于岩芯试样则均采用体积法。

图 2-7　劈裂试验过程及试样破坏形态

2.4.5　崩解试验

崩解试验采用常温常压条件,所用水为自来水,岩样浸水时间控制在 24~36 h。虽然自来水中的微量元素对岩样水理性质存在一定影响,但考虑到是在常温常压下,且浸水时间相对较短,所以该影响基本上可以忽略不计。但因自来水中富含氧,会生成大量气泡附着在岩样表面,从而对水进入岩样孔(裂)隙有一定影响,为了消除此影响,试验过程中在岩样浸水开始数小时内通过人为振动排出气泡。

2.5　试验结果

2.5.1　采空区矿柱石膏物理力学性质

经对采空区矿柱取芯钻探,岩芯送具有资质的实验室进行物理力学性质试验,得到各膏层取样点样本石膏物理力学性质试验成果,见表 2-1。

表 2-1 石膏矿石物理力学性质试验成果表

化验编号	岩石名称	样品编号	开采时间	所在分区	采样点标高 /m	块体密度 /(g/cm³)	真密度 /(g/cm³)	含水率 /%	软化系数 K_2	抗拉强度（单块值）/MPa 天然	抗压强度（单块值）/MPa 天然	抗压强度（单块值）/MPa 饱和	抗剪强度 内摩擦角 φ/(°)	抗剪强度 黏聚力 C /MPa	变形参数 割线模量/(×10⁴ MPa)	变形参数 切线模量/(×10⁴ MPa)	变形参数 泊松比
KY20160068	石膏岩芯	8号孔 1402-4	2006年	II-4-1	−42.15	2.34	—	—	0.79	2.67 3.11 1.99	14.4	11.3	32.2	1.7	1.33	1.49	0.21
KY20160069	石膏岩芯	7号孔 1301-4 东侧	2012年	II-3-3	−72.00	2.31	—	—	0.84	1.82 1.53 1.54	15.0	12.7	27.2	2.7	1.27	1.26	0.19
KY20160070	石膏岩芯	1号孔 1502-1	2016年	III-2-1	−57.28	2.26	—	—	0.36	2.06 2.57 2.83	8.5	3.1	29.0	1.1	—	—	—
KY20160071	石膏岩芯	6号孔 1301-4 西侧	2012年	II-3-3	−72.00	2.21	—	—	0.77	2.66 1.90 2.43	14.4	11.0	28.3	1.7	—	—	—
KY20160072	石膏岩芯	9号孔 1402-4	2006年	II-4-1	−42.15	2.27	—	—	0.78	3.04 2.98 2.19	9.1	7.1	30.1	1.3	—	—	—

表 2-1（续）

化验编号	岩石名称	样品编号	开采时间	所在分区	采样点标高/m	块体密度/(g/cm³)	真密度/(g/cm³)	含水率/%	软化系数 K_2	抗拉强度（单块值）/MPa 天然	抗压强度（单块值）/MPa 天然	抗压强度（单块值）/MPa 饱和	内摩擦角 φ/(°)	黏聚力 C/MPa	割线模量/(×10⁴ MPa)	切线模量/(×10⁴ MPa)	泊松比
KY20160073	石膏岩芯	3号孔 202-1 西侧	1996年	II-2-1	-41.15	2.28	—	—	0.58	2.33 2.01 2.19	11.9	6.9	28.9	1.9	0.65	0.83	0.04
KY20160074	石膏岩芯	2号孔 203-1 西侧	1998年	II-2-1	-40.24	2.30	—	—	0.67	2.77 2.70 3.18	15.6	10.5	30.3	1.9	—	—	—
KY20160075	石膏岩芯	4号孔 202-1 东侧	1996年	II-2-1	-41.15	2.33	—	—	0.60	3.69 4.42 3.13	12.4	7.5	35.7	1.0	—	—	—
KY20160076	石膏岩芯	5号孔 203-1 东侧	1998年	II-2-1	-40.24	2.28	—	—	0.48	4.48 5.59 4.47	14.6	6.9	36.6	1.1	—	—	—
EY20170001	石膏岩芯	26号孔 2508-1下	2016年	III-2-4	-175.08	2.29	—	—	0.85	3.48 2.12 2.64	29.0 20.4	28.0 21.4	34.2	1.2	0.74	0.57	3.78

表 2-1（续）

化验编号	岩石名称	样品编号	开采时间	所在分区	采样点标高/m	块体密度/(g/cm³)	真密度/(g/cm³)	含水率/%	软化系数 K_2	抗拉强度（单块值）/MPa 天然	抗压强度（单块值）/MPa 天然	抗压强度（单块值）/MPa 饱和	抗剪强度 内摩擦角 φ/(°)	抗剪强度 黏聚力 C/MPa	变形参数 割线模量/(×10⁴ MPa)	变形参数 切线模量/(×10⁴ MPa)	变形参数 泊松比
EY20170002	石膏岩芯	24号孔 2201-1下	2008年	Ⅱ-2-2	−84.50	2.35	—	—	—	2.17 2.05 2.64	31.3 29.7 39.2	37.1 30.9	25.3	2.0	0.35	0.30	0.97
EY20170003	石膏岩芯	22号孔 2404-1下	2014年	Ⅱ-4-3	−117.10	2.31	—	—	0.45	3.94 2.64 2.96	57.1 49.8 60.4	27.3 22.6	26.9	2.1	0.52	0.44	0.59
EY20170004	石膏岩芯	20号孔 4401-1上	2010年	Ⅱ-4-4	−170.32	2.32	—	—	0.58	1.12 1.46 1.10	33.2 29.6	19.0 17.4	27.8	1.3	0.35	0.41	0.19
EY20170005	石膏岩芯	17号孔 4402-1上	2008年	Ⅱ-4-4	−165.30	2.34	—	—	0.77	2.99 2.35 3.15	30.6 26.6	24.1 19.8	30.0	1.7	0.87	1.34	0.88
EY20170006	石膏岩芯	15号孔 209-1 1号采房东	1996年	Ⅱ-2-1	−41.15	2.28	—	—	0.74	3.24 2.34 3.64	27.8 21.4 26.0	16.3 21.0	30.5	1.6	0.60	0.46	2.41

表 2-1(续)

化验编号	岩石名称	样品编号	开采时间	所在分区	采样点标高/m	块体密度/(g/cm³)	真密度/(g/cm³)	含水率/%	软化系数 K_2	抗拉强度(单块值)/MPa 天然	抗压强度(单块值)/MPa 天然	抗压强度(单块值)/MPa 饱和	内摩擦角 $\varphi/(°)$	黏聚力 C/MPa	割线模量/(×10⁴ MPa)	切线模量/(×10⁴ MPa)	泊松比
EY20170007	石膏岩芯	13号孔 210-1 采房西	2000年	Ⅱ-2-2	−50.67	2.32	—	—	0.66	2.46 2.36 1.85	48.3 42.1	32.7 27.4	32.2	1.3	0.46	0.52	0.29
EY20170008	石膏岩芯	10号孔 209-1 西	2000年	Ⅱ-2-2	−54.45	2.35	—	—	0.48	2.57 2.78 2.88	43.4 31.2 14.2	14.2	31.5	1.5	0.64	0.39	0.92

注:每个岩芯加工 3 块岩石做抗拉试验;加工 1~3 块岩石做抗压试验;其他项目均加工了 1 块岩石做试验。

对表 2-1 的试验成果统计整理后得各膏层物理力学性质参数，如表 2-2 所示。

表 2-2 各膏层物理力学性质参数

膏层位置	密度/(g/cm³)	抗拉强度/MPa	抗压强度/MPa	弹性模量/GPa
Ⅱ-2	2.31	2.97	27.27	5.73
Ⅱ-3	2.26	1.98	14.70	12.60
Ⅱ-4	2.31	2.43	36.23	9.20
Ⅲ-2	2.28	2.62	19.30	5.70
平均值	2.29	2.50	24.38	8.31

2.5.2 采空区矿房顶、底板岩石力学性质

2.5.2.1 抗压强度

各膏层顶、底板岩石抗压强度及弹性模量试验结果如表 2-3 所示。

表 2-3 抗压强度及弹性模量试验结果

试样编号	位置	直径/mm	高度/mm	载荷/kN	抗压强度/MPa	弹性模量 E_c/GPa
1	顶板 $2K_2$	70.90	93.98	92.565	23.45	5.546
2	顶板 $2K_4$	68.08	99.56	129.116	35.47	6.354
3	顶板 $2K_3$	68.60	94.14	117.360	31.75	5.652
4	顶板 $2K_4$	66.00	100.22	56.749	16.59	1.295
5	顶板 $2K_3$	70.44	99.50	141.895	36.41	9.773
6	顶板 $2K_3$	68.54	99.68	122.809	33.29	6.552
7	顶板 $2K_2$	71.40	97.76	130.447	32.58	3.884
8	顶板 $2K_2$	69.26	99.80	172.455	45.77	31.336
9	顶板 $2K_5$	70.58	100.00	96.996	24.79	3.229
10	顶板 $2K_3$	72.60	99.60	217.195	52.47	20.796
11	顶板 $2K_4$	69.00	98.28	192.405	51.46	18.220
12	顶板 $2K_6$	71.60	98.30	105.232	26.43	8.422
13	顶板 $2K_5$	68.76	100.32	121.979	32.85	6.550
14	顶板 $2K_1$	64.90	64.64	79.118	23.92	2.917
15	顶板 $2K_1$	62.40	71.57	65.590	—	2.950
16	顶板 $2K_2$	64.36	69.90	65.880	—	2.160

表 2-3(续)

试样编号	位置	直径/mm	高度/mm	载荷/kN	抗压强度/MPa	弹性模量 E_c/GPa
17	顶板 2K$_1$	68.35	88.46	78.380	24.58	1.990
18	顶板 2K$_2$	68.45	78.34	68.550	23.78	3.040
19	顶板 2K$_2$	64.26	71.35	82.050	35.46	9.230
20	底板 2K$_5$	62.60	98.88	124.822	40.56	12.106
21	底板 2K$_1$	69.68	100.60	95.489	24.39	7.932
22	底板 2K$_3$	65.76	99.80	86.513	25.47	8.009
23	底板 2K$_6$	71.00	87.30	112.177	28.33	10.980
24	底板 2K$_1$	68.00	96.80	85.157	23.45	7.469
25	底板 2K$_1$	69.42	98.60	109.902	29.04	11.391
26	底板 2K$_2$	69.80	89.48	132.278	34.57	1.757
27	底板 2K$_3$	68.76	72.30	72.696	19.58	2.265
28	底板 2K$_7$	70.00	69.92	223.482	58.07	12.797
29	底板 2K$_6$	69.50	73.44	157.093	41.41	8.219
30	底板 2K$_6$	68.50	100.94	131.252	35.62	3.527
31	底板 2K$_1$	65.76	74.96	147.563	43.45	6.301
32	底板 2K$_1$	70.25	91.26	139.230	39.56	3.520
33	底板 2K$_1$	65.76	81.34	114.840	41.57	2.410
34	底板 2K$_1$	68.26	79.25	95.660	33.26	7.820
35	底板 2K$_2$	61.25	69.38	94.420	46.48	6.450

2.5.2.2 抗拉强度

各膏层顶、底板岩石抗拉强度试验结果如表 2-4 所示。

表 2-4 抗拉强度试验结果

试样编号	位置	直径/mm	高度/mm	载荷/kN	抗拉强度/MPa
1	顶板 2K$_2$	68.04	45.40	6.380	4.131
2	顶板 2K$_3$	69.04	32.80	7.510	6.633
3	顶板 2K$_4$	70.68	34.82	3.369	2.738

表 2-4（续）

试样编号	位置	直径/mm	高度/mm	载荷/kN	抗拉强度/MPa
4	顶板 2K$_3$	67.50	33.56	5.145	4.542
5	顶板 2K$_4$	71.32	26.12	4.687	5.032
6	顶板 2K$_2$	68.90	27.82	5.754	6.004
7	顶板 2K$_3$	72.08	32.30	6.870	5.902
8	顶板 2K$_4$	71.48	29.48	3.389	3.217
9	顶板 2K$_4$	68.90	28.37	6.280	6.538
10	顶板 2K$_5$	68.50	30.55	3.340	3.567
11	顶板 2K$_7$	71.42	29.45	4.110	4.084
12	顶板 2K$_2$	68.42	32.94	4.129	3.664
13	顶板 2K$_4$	68.54	32.68	6.730	6.009
14	顶板 2K$_2$	68.00	33.88	3.172	2.754
15	顶板 2K$_1$	62.90	34.62	3.972	3.648
16	顶板 2K$_4$	67.48	33.34	2.030	1.805
17	顶板 2K$_1$	63.12	34.84	5.462	4.967
18	底板 2K$_2$	71.00	24.90	2.410	2.726
19	底板 2K$_2$	70.08	23.42	2.460	2.998
20	底板 2K$_4$	68.30	22.60	2.872	3.721
21	底板 2K$_3$	67.87	30.23	2.960	3.306
22	底板 2K$_3$	70.41	28.55	3.402	3.677
23	底板 2K$_4$	66.92	32.50	4.437	4.080
24	底板 2K$_5$	68.70	30.32	3.890	4.061
25	底板 2K$_5$	71.21	29.56	4.070	4.058
26	底板 2K$_4$	69.53	31.24	3.980	3.956
27	底板 2K$_5$	71.46	28.55	2.980	3.207
28	底板 2K$_5$	69.56	23.74	2.176	2.635
29	底板 2K$_6$	61.12	36.42	1.592	1.430
30	底板 2K$_4$	69.02	38.84	3.706	2.765

　　根据表 2-3 和表 2-4 的试验结果，通过对照取芯位置、深度、岩芯特征和柱状图，整理得到膏层顶、底板岩石力学性质，如表 2-5 所示。

表 2-5　顶、底板岩石力学性质

岩性	抗压强度/MPa	抗拉强度/MPa	弹性模量/GPa
泥灰岩	40.55	4.542	12.106
叶片状泥灰岩	28.73	2.950	6.930
膏质泥灰岩	32.58	3.982	7.820
泥岩	28.43	3.033	5.320
页岩	19.58	1.732	2.265
粉砂岩	27.67	2.580	5.340
灰岩	58.07	6.040	12.797

2.5.2.3　质量密度及饱和吸水率

测定质量密度和饱和吸水率的试样大多由加工抗压和抗拉试验试样后的剩余部分制作,质量密度试验的试样仍需加工成规则形,吸水率试验采用不规则形试样即可,试验结果见表 2-6 和表 2-7。

表 2-6　质量密度试验结果

指标	Ⅱ层						Ⅲ层	
	顶板			底板			顶板	底板
	Ⅱ-2	Ⅱ-3	Ⅱ-4	Ⅱ-2	Ⅱ-3	Ⅱ-4	Ⅲ-2	Ⅲ-2
质量密度/(g/cm³)	2.45	2.54	2.40	2.56	2.51	2.49	2.53	2.52

表 2-7　吸水率试验结果

指标	Ⅱ层									Ⅲ层		
	石膏			顶板			底板			石膏	顶板	底板
	Ⅱ-2	Ⅱ-3	Ⅱ-4	Ⅱ-2	Ⅱ-3	Ⅱ-4	Ⅱ-2	Ⅱ-3	Ⅱ-4	Ⅲ-2	Ⅲ-2	Ⅲ-2
饱和吸水率/%	1.12	1.09	1.15	1.83	1.78	1.69	2.12	1.49	1.78	1.07	2.01	1.99
孔隙率/%	4.28	3.99	4.52	6.95	6.12	5.89	7.46	5.45	6.05	4.12	8.01	7.56

2.5.2.4　崩解试验

根据对石膏矿层及顶、底板岩石所做的崩解试验,其遇水稳定性大致可以分为 4 类(表 2-8):① 遇水稳定者,在水中浸泡 48 h 以上仍不发生水解现象,岩样取出后仍保持清澈;② 遇水轻微溶解,在水中浸泡 48 h 岩样只在表面出现轻微掉渣、溶解,用手可以搓下细末,但岩块整体基本稳定,岩样取出后水变得浑浊;③ 块状崩解,岩块顺微裂隙或层理崩解成小碎块,碎裂后的小块比较稳定;④ 泥化崩解,在水中浸泡一定时间即崩解散开,有的完全崩解成泥状,有的成碎渣状。

表 2-8 岩样遇水稳定性及水理性质

遇水稳定性	水解特点	岩样
遇水稳定	不溶解、水质清澈	Ⅱ、Ⅲ膏层
轻微溶解	受水浸泡后软化、掉渣	Ⅱ膏层西部部分夹石、Ⅲ膏层部分顶板、Ⅱ膏层部分底板
块状崩解	顺裂隙崩解成碎块	Ⅱ、Ⅲ膏层的部分顶、底板
泥化崩解	崩解成碎末或泥状	Ⅱ、Ⅲ膏层的部分顶、底板

石膏:各层石膏遇水稳定,没有溶解和崩解现象发生。

泥质灰岩:泥质灰岩大多遇水掉渣,个别严重者浸泡变软,少数遇水稳定。

泥岩:遇水稳定者少,但遇水明显崩解者也不多,大多为受水后表现有不同程度的轻微崩解,部分崩解为泥状。

黏土岩:大多遇水崩解,较短时间即崩解成泥状。

3 多层石膏重叠开采关键技术研究

3.1 多层石膏重叠开采的合理参数研究

3.1.1 护顶底膏层厚度确定

由于成矿环境特殊,石膏矿床的顶、底板多为黏土及泥质岩,岩石强度较低,并且极易吸潮泥化。为了保护矿房顶、底板稳定及采矿安全,山东省《石膏矿山安全规程》规定:用房柱式采矿法开采中厚矿体(5.0~15.0 m)时,当地表不允许塌陷时,顶板须留设不小于 1.5 m 厚度的石膏护顶层,底板须留设不小于 1.0 m 厚度的石膏护底层。根据大汶口矿区开采膏层物理力学特性的试验研究,其强度比较高,遇水稳定,层理不发育,整体性好,确定可采膏层的护顶层厚度最小 1.5 m,护底层厚度最小 1.0 m。

采高不仅影响回采率,而且对采矿安全有很大影响。形状效应表明,宽高比对矿柱稳定性有较大影响。通常而言,矿柱的宽高比越大,矿柱强度越高,也越稳定,当矿柱宽高比达到 8 以上时,矿柱强度基本不再增大。综合考虑各开采膏层厚度、回采率及矿柱稳定性等多方面因素,确定各膏层开采的矿柱宽高比最小不低于 1,因此,各膏层的最大采高原则以不超过矿柱宽度为好。

3.1.2 合理矿柱参数确定

井下矿柱主要是指在矿房采后留下的区段内矿柱。目前矿柱参数的确定主要采用极限强度理论,该理论认为:如果作用载荷达到矿柱的极限强度时,矿柱的承载能力降低到零,矿柱就会被破坏。即矿柱的破坏准则为:

$$qF \leqslant \sigma_p \tag{3-1}$$

式中,q 为作用在矿柱上的原岩应力,MPa;F 为安全系数;σ_p 为矿柱的抗压强度,MPa。

理论上认为安全系数 $F > 1$ 时矿柱是稳定的,$F < 1$ 时矿柱将破坏。目前,大多采用考虑矿柱尺寸效应的矿柱有效强度来校验矿柱的稳定性和设计矿柱尺寸。这种方法在工程领域上得到了普遍的认可。

3.1.2.1 矿柱有效强度确定

石膏是一种典型的中软弱岩体,其具有变形随时间增加而增加、岩体强度随时间增加而降低的流变特性。

武汉理工大学刘沐宇教授以室内纯扭转流变试验为手段,研究了硬石膏的流变特性,建立了应力应变与时间的函数关系式,得出了硬石膏的长期强度仅为瞬时强度的 66% 的结论,即矿岩体的长期强度随时间的增加而逐渐降低,若施加给采空区周围矿岩体的压力小于其长期强度,则矿岩仅出现过渡蠕变阶段而不发生破坏,若施加给采空区周围矿岩体的应力大于其长期强度,则矿岩不仅出现过渡蠕变阶段,而且还将出现稳态蠕变及加速蠕变阶段,直至采空区周围矿岩体发生破坏垮落。

根据刘沐宇教授的试验研究结论,可以取石膏单轴试验强度的 66% 作为长期强度。为了进一步增加安全系数,鲁能石膏矿取石膏单轴试验强度的 60% 作为长期强度。

3.1.2.2 矿柱宽度确定

矿柱载荷 q 一般采用辅助面积法计算,如图 3-1 所示为鲁能石膏矿开采矿房矿柱布置图。

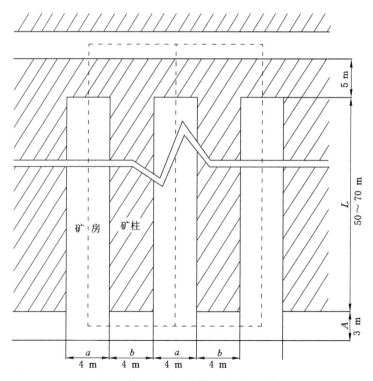

图 3-1 辅助面积法计算矿柱上的应力

　　辅助面积法的实质是仅考虑围岩的自重应力场,认为采空区上方的覆岩重量全部转移到矿柱上。当矿柱布置方式均匀、尺寸相等、开采区域足够大和采深较小时,辅助面积理论计算出的矿柱载荷较为合理。由于辅助面积法简单易行,能够满足工程要求,所以在国内外获得了广泛的应用。

　　鲁能石膏矿开采膏层的矿房矿柱重叠布置如图 3-2 所示。

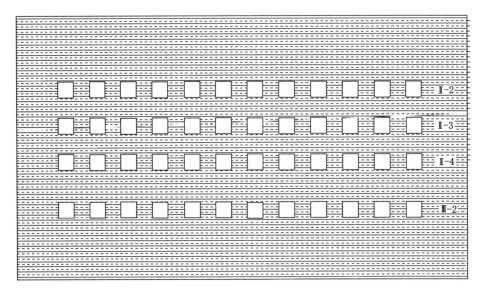

图 3-2　矿房矿柱重叠布置示意图

　　根据辅助面积法,Ⅱ-2 膏层矿柱所受载荷 $q_{Ⅱ-2}$ 为:

$$q_{Ⅱ-2} = \frac{\gamma H(a+b)(L+A)}{bL+5(a+b)} \qquad (3-2)$$

式中,$q_{Ⅱ-2}$ 为Ⅱ膏层的Ⅱ-2 分层矿柱上的应力,MPa;γ 为上覆岩层平均重力密度,kN/m³;H 为Ⅱ-2 膏层最大埋深,m;a 为矿房宽度,m;b 为矿柱宽度,m;L 为矿柱长度,m;A 为区段平巷宽度,m。

　　Ⅱ-3 膏层矿柱所受载荷 $q_{Ⅱ-3}$ 等于Ⅱ-2 膏层矿柱传递的载荷加上Ⅱ-3 膏层顶板的重量:

$$q_{Ⅱ-3} = q_{Ⅱ-2} + \gamma m_{Ⅱ-2} + \frac{\gamma M_{Ⅱ-3}^{Ⅱ-2}(a+b)(L+A)}{bL+5(a+b)} \qquad (3-3)$$

式中,$q_{Ⅱ-3}$ 为Ⅱ膏层的Ⅱ-3 分层矿柱上的应力,MPa;$m_{Ⅱ-2}$ 为Ⅱ膏层的Ⅱ-2 分层石膏厚度,m;$M_{Ⅱ-3}^{Ⅱ-2}$ 为Ⅱ-2 膏层和Ⅱ-3 膏层之间的层间距,m。

　　Ⅱ-4 膏层矿柱所受载荷 $q_{Ⅱ-4}$ 等于Ⅱ-3 膏层矿柱传递的载荷加上Ⅱ-4 膏层顶板的

重量：

$$q_{\mathrm{II-4}} = q_{\mathrm{II-3}} + \gamma m_{\mathrm{II-3}} + \frac{\gamma M_{\mathrm{II-4}}^{\mathrm{II-3}}(a+b)(L+A)}{bL+5(a+b)} \tag{3-4}$$

式中，$q_{\mathrm{II-4}}$ 为 II 膏层的 II-4 分层矿柱上的应力，MPa；$m_{\mathrm{II-3}}$ 为 II 膏层的 II-3 分层石膏厚度，m；$M_{\mathrm{II-4}}^{\mathrm{II-3}}$ 为 II-3 膏层和 II-4 膏层之间的层间距，m。

III-2 膏层矿柱所受载荷 $q_{\mathrm{III-2}}$ 等于 II-4 膏层矿柱传递的载荷加上 III-2 膏层顶板的重量：

$$q_{\mathrm{III-2}} = q_{\mathrm{II-4}} + \gamma m_{\mathrm{II-4}} + \frac{\gamma M_{\mathrm{III-2}}^{\mathrm{II-4}}(a+b)(L+A)}{bL+5(a+b)} \tag{3-5}$$

式中，$q_{\mathrm{III-2}}$ 为 III-2 膏层矿柱上的应力，MPa；$m_{\mathrm{II-4}}$ 为 II 膏层的 II-4 分层石膏厚度，m；$M_{\mathrm{III-2}}^{\mathrm{II-4}}$ 为 II-4 膏层和 III-2 膏层之间的层间距，m。

由式(3-2)～式(3-5)可得：

$$q_{\mathrm{III-2}} = \gamma(m_{\mathrm{II-2}}+m_{\mathrm{II-3}}+m_{\mathrm{II-4}}) + \gamma(H+M_{\mathrm{II-3}}^{\mathrm{II-2}}+M_{\mathrm{II-4}}^{\mathrm{II-3}}+M_{\mathrm{III-2}}^{\mathrm{II-4}})\frac{(a+b)(L+A)}{bL+5(a+b)}$$

$$\tag{3-6}$$

把式(3-6)代入式(3-1)，可计算得到矿柱宽度 b：

$$b = \frac{5\gamma a(m_{\mathrm{II-2}}+m_{\mathrm{II-3}}+m_{\mathrm{II-4}}) + \gamma a(H+M_{\mathrm{II-3}}^{\mathrm{II-2}}+M_{\mathrm{II-4}}^{\mathrm{II-3}}+M_{\mathrm{III-2}}^{\mathrm{II-4}})(L+A) - 5a\sigma_{\mathrm{p}}}{\sigma_{\mathrm{p}}(L+5) - \gamma(m_{\mathrm{II-2}}+m_{\mathrm{II-3}}+m_{\mathrm{II-4}})(L+5) - \gamma(H+M_{\mathrm{II-3}}^{\mathrm{II-2}}+M_{\mathrm{II-4}}^{\mathrm{II-3}}+M_{\mathrm{III-2}}^{\mathrm{II-4}})(L+A)}$$

计算时，矿柱抗压强度 σ_{p} 取矿柱平均有效强度，矿房宽度选 4 m，II-2 膏层埋深 H 取最深 295 m，矿柱长度 L 最短 50 m，最长 70 m。计算结果见表 3-1。

表 3-1　III-2 膏层开采矿柱宽度计算表

γ /(kN/m³)	a /m	$m_{\mathrm{II-2}}$ /m	$m_{\mathrm{II-3}}$ /m	$m_{\mathrm{II-4}}$ /m	$M_{\mathrm{II-3}}^{\mathrm{II-2}}$ /m	$M_{\mathrm{II-4}}^{\mathrm{II-3}}$ /m	$M_{\mathrm{III-2}}^{\mathrm{II-4}}$ /m	A /m	L /m	H /m	σ_{p} /MPa	b /m
24	4	4	4	4	4.85	4.97	7.74	3	50	295	21.426	1.53
24	4	4	4	4	4.85	4.97	7.74	3	70	295	21.426	1.70

表 3-1 中的 σ_{p} 为考虑了流变特性的矿柱长期有效强度，取 III-2 膏层单轴抗压强度的 60%。

根据计算并参考相邻矿膏层矿柱尺寸的留设，鲁能石膏矿开采膏层的矿柱尺寸确定为 4 m。

3.1.3　矿房参数的确定

3.1.3.1　计算方法的选择

根据矿房顶板的尺寸和结构，矿房的受力分析应该采用"梁"的理论较为合适。"梁"的两边有两种可能的边界约束条件，即固支和简支边界条件。

岩层弯曲破坏的力学过程就是其支承约束条件由固支梁向简支梁发展的过程。开始时,支承约束条件为固支梁,梁端开裂后,端部弯矩向中部转移,支承条件迅速向简支梁转化。通常而言,根据简支梁理论计算得到的极限跨距比用固支梁计算得到的要小,采用简支梁理论计算矿房尺寸更安全。如图 3-3 所示是护顶膏层简化的简支梁。

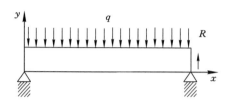

图 3-3 岩梁受力模型

上覆岩层简化为均布载荷 q,由材料力学可知,按抗拉强度计算梁的极限跨距:

$$l_s = 2h \sqrt{\frac{R_s}{3q}} \tag{3-7}$$

式中,R_s 为矿层的抗拉强度,MPa;h 为上覆岩层或分层厚度,m。

由于上覆岩层由多层岩层组成,岩梁的极限跨距所应考虑载荷 q 的大小须根据各层间的互相影响来确定。对于图 3-3 所示的计算模型,考虑第 2 层到第 n 层对第 1 层的影响时形成的载荷 $(q_n)_1$ 表示为:

$$(q_n)_1 = \frac{E_1 h_1^3 (\gamma_1 h_1 + \gamma_2 h_2 + \cdots + \gamma_n h_n)}{E_1 h_1^3 + E_2 h_2^3 + \cdots + E_n h_n^3} \tag{3-8}$$

式中,E_1、E_2、$\cdots$、E_n 为各层的弹性模量,GPa,n 为层数;h_1、h_2、$\cdots$、h_n 为各层的厚度,m;γ_1、γ_2、$\cdots$、γ_n 为各层的重力密度,kN/m³。

当计算到 $(q_{n+1})_1 < (q_n)_1$ 时,则以 $(q_n)_1$ 作为作用于第 1 层岩层的单位面积上的载荷。

如果在两开采膏层的上膏层矿房底板和下膏层矿房顶板之间存在满足 $(q_{n+1})_1 < (q_n)_1$ 关系的岩层,则第 $(n+1)$ 层为两膏层之间的关键层,承担第 $(n+1)$ 层至上膏层间岩层的重力应力,护顶膏承担第 $(n+1)$ 层以下岩层的重力应力。

如果在两开采膏层之间不存在满足 $(q_{n+1})_1 < (q_n)_1$ 关系的岩层岩石,则两开采膏层之间没有关键层,护顶膏承担两开采膏层之间全部岩层的重力应力。

3.1.3.2 载荷值 $(q_n)_m$ 的计算

（1）上覆岩层结构

大寺矿段 ZK01 钻孔膏系柱状描述如表 3-2 所示。

表3-2 大寺矿段 ZK01 钻孔膏系柱状

序号	岩石名称	厚度/m	岩性描述
1	叶片状泥灰岩	37.50	褐黄色,隐晶质结构,页理发育
2	泥灰岩	10.05	灰色,隐晶质结构,块状结构,局部薄层理发育,该岩较致密,下部夹有叶片状泥灰岩
3	泥灰岩与叶片状泥灰岩	8.03	二者岩性由前者致密均一、后者页理发育组成
4	叶片状泥灰岩	2.75	褐灰黄色,隐晶质结构,页理发育,薄如纸,含少量自然硫
5	石膏	1.22	白色,半透明-透明,由粗大晶体组成,质纯,玻璃光泽
6	叶片状泥灰岩	1.06	灰色,隐晶质结构,叶片状构造,含少量石膏
7	Ⅰ膏	3.46	白色,粗晶结构,块状结构,半透明,石膏中含有少量泥灰岩
8	叶片状泥灰岩	1.12	灰褐色,隐晶质结构,含少量自然硫,局部沿裂隙见硫黄细脉
9	Ⅱ膏	17.46	灰白-白-青灰色,中细粒、粗晶结构,块状结构,及薄层结构,大部分为雪花膏,少量为青石膏
10	叶片状泥灰岩	1.57	灰色-褐黄色,隐晶质结构,页理构造,局部沿裂隙见石膏薄层
11	Ⅲ膏	7.89	灰-白色,中粗晶质,质纯,部分为透明膏
12	含膏叶片状泥灰岩	2.19	褐灰色,泥质结构,石膏呈薄层状赋存于泥灰岩中
13	Ⅳ膏	15.86	灰白-灰色,粗晶质,较纯,部分为透明膏,以雪花膏为主

西张庄矿段 ZK602 钻孔膏系柱状描述如表3-3 所示。

表3-3 西张庄矿段 ZK602 钻孔膏系柱状

序号	岩石名称	厚度/m	岩性描述
1	泥灰岩	13.99	灰色,薄层状,局部薄层泥岩
2	含膏泥页岩	4.59	浅灰色泥晶结构,石膏呈亮晶状、薄层状
3	泥岩	9.75	浅灰色,似层状,中部夹 20 cm 砂岩,产状较乱
4	泥灰岩	6.28	浅灰色,中薄层,局部为灰岩
5	粉砂质泥岩	4.35	浅灰-灰褐色,似层状,底部含砾
6	泥灰岩	14.37	浅灰色,中薄层,局部为灰岩
7	泥岩	6.43	深灰色,含粉砂,局部含泥灰岩
8	泥灰岩	5.94	浅灰-深灰色,局部夹泥岩、页岩

表 3-3(续)

序号	岩石名称	厚度/m	岩性描述
9	Ⅱ-1膏	5.86	白-灰白色,局部灰褐色,结晶质,块状,条带状,中薄层状
10	泥灰岩夹条带膏	1.72	灰白色,薄层状,间夹条带膏
11	Ⅱ-2膏	6.06	同9
12	膏质泥灰岩	2.38	同10
13	页岩	1.25	灰色,薄层状,含泥质
14	Ⅱ-3膏	4.76	同9
15	泥灰岩	1.39	同8
16	Ⅱ-4膏	6.00	同9
17	泥灰岩	2.58	同8
18	Ⅲ-1膏	3.34	灰-白色,中粗晶质,质纯,部分为透明膏
19	泥灰岩	0.64	同8
20	Ⅲ-2膏	7.58	同18
21	泥灰岩	0.92	同8
22	Ⅲ-3膏	2.66	同18
23	泥灰岩	4.01	同8

(2) 上覆载荷 q 值计算

① Ⅱ-2膏层。Ⅱ-2膏层护顶膏在上方不同层覆岩作用下的载荷值 q 如表 3-4 所示。

表 3-4　Ⅱ-2膏层护顶膏上覆载荷 q 值计算(西张庄矿段 ZK602 钻孔)

序号	层位	岩性	厚度/m	重力密度/(kN/m³)	弹性模量/GPa	$(q_n)_m$/(kN/m²)
1	Ⅱ-2护顶膏	石膏	1.50	22	10.330	$(q_1)_1=33.00$
2	Ⅱ-2膏顶板(1)	泥灰岩夹条带膏	1.72	23	6.930	$(q_2)_1=36.07$
3	Ⅱ-2膏顶板(2)	Ⅱ-1膏	5.86	22	10.330	$(q_3)_1=3.27$ $(q_3)_3=128.92$
4	Ⅱ-2膏顶板(3)	泥灰岩	5.94	25	12.106	$(q_4)_3=124.93$ $(q_4)_4=148.50$
5	Ⅱ-2膏顶板(4)	泥岩	6.43	25	5.320	$(q_5)_4=198.57$
6	Ⅱ-2膏顶板(5)	泥灰岩	14.37	25	12.106	$(q_6)_4=42.54$ $(q_6)_6=359.25$

表 3-4(续)

序号	层位	岩性	厚度 /m	重力密度 /(kN/m³)	弹性模量 /GPa	$(q_n)_m$ /(kN/m²)
7	Ⅱ-2 膏顶板(6)	粉砂质泥岩	4.35	25	5.340	$(q_7)_6 = 462.34$
8	Ⅱ-2 膏顶板(7)	泥灰岩	6.28	25	12.106	$(q_8)_6 = 570.41$
9	Ⅱ-2 膏顶板(8)	泥岩	9.75	25	5.320	$(q_9)_6 = 445.16$ $(q_9)_9 = 243.75$
10	Ⅱ-2 膏顶板(9)	含膏泥页岩	4.59	24	2.265	$(q_{10})_9 = 338.86$
11	Ⅱ-2 膏顶板(10)	泥灰岩	13.99	25	12.106	$(q_{11})_9 = 90.60$

② Ⅱ-3 膏层。Ⅱ-3 膏层护顶膏上覆载荷 q 值计算见表 3-5。

表 3-5　Ⅱ-3 膏层护顶膏上覆载荷 q 值计算(西张庄矿段 ZK602 钻孔)

序号	层位	岩性	厚度 /m	重力密度 /(kN/m³)	弹性模量 /GPa	$(q_n)_m$ /(kN/m²)
1	Ⅱ-3 护顶膏	石膏	1.50	22	10.33	$(q_1)_1 = 33.00$
2	Ⅱ-3 顶板(1)	页岩	1.25	24	2.265	$(q_2)_1 = 55.91$
3	Ⅱ-3 顶板(2)	膏质泥灰岩	2.38	23	7.820	$(q_3)_1 = 28.37$ $(q_3)_3 = 54.74$
4	Ⅱ-2 护底膏	石膏	1.00	22	10.330	$(q_4)_3 = 69.89$

③ Ⅱ-4 膏层。Ⅱ-4 膏层护顶膏上覆载荷 q 值计算见表 3-6。

表 3-6　Ⅱ-4 膏层护顶膏上覆载荷 q 值计算(西张庄矿段 ZK602 钻孔)

序号	层位	岩性	厚度 /m	重力密度 /(kN/m³)	弹性模量 /GPa	$(q_n)_m$ /(kN/m²)
1	Ⅱ-4 护顶膏	石膏	1.50	22	10.330	$(q_1)_1 = 33.00$
2	Ⅱ-4 顶板	泥灰岩	1.39	25	12.106	$(q_2)_1 = 35.06$
3	Ⅱ-3 护底膏	石膏	1.00	22	10.330	$(q_3)_1 = 49.27$

④ Ⅲ-2 膏层。Ⅲ-2 膏层护顶膏上覆载荷 q 值计算见表 3-7。

表 3-7　Ⅲ-2 膏层护顶膏上覆载荷 q 值计算（西张庄矿段 ZK602 钻孔）

序号	层位	岩性	厚度 /m	重力密度 /(kN/m³)	弹性模量 /GPa	$(q_n)_m$ /(kN/m²)
1	Ⅲ-2 护顶膏	石膏	1.50	22	10.330	$(q_1)_1=33.00$
2	Ⅲ-2 顶板(1)	泥灰岩	0.64	25	12.106	$(q_2)_1=44.91$
3	Ⅲ-2 顶板(2)	Ⅲ-1 膏	3.34	22	10.330	$(q_3)_1=10.10$ $(q_3)_3=73.48$
4	Ⅲ-2 顶板(3)	泥灰岩	2.58	25	12.106	$(q_4)_3=89.59$
5	Ⅱ-4 护底膏	石膏	1.00	22	10.330	$(q_5)_3=102.09$

3.1.3.3　关键层分析及矿房载荷值 q 的确定

（1）覆岩关键层的概念

由于石膏矿床岩体的分层特性差异,各岩层在岩体活动中的作用是不同的。有些较为坚硬的厚岩层在活动中起控制作用,也可称之为起承载主体或骨架作用。有些较为软弱的薄岩层在活动中起加载作用,其自重大部分由坚硬的厚岩层承担,在岩体活动中起主要控制作用的岩层称为关键层。关键层将由其岩层厚度、强度及载荷大小而定。

采动岩体中的关键层有如下特征:

① 几何特征。相对其他相同岩层厚度较大。

② 岩性特征。相对其他岩层较为坚硬,即弹性模量较大、强度较高。

③ 变形特征。在关键层下沉变形时,其上部全部或局部岩层的下沉量是同步协调的。

④ 破断特征。关键层的破断将导致全部或局部上部岩层的破断,引起较大范围内的岩层移动。

⑤ 支承特征。关键层破坏前以"板"(或简化为"梁")的结构形式作为全部岩层或局部岩层的承载主体。

根据柱状资料,在膏系地层中,除泥质页岩外,还分别赋存有泥灰岩、石膏、灰岩等岩层。这些岩层强度高(包括膏层)、厚度大、整体性好,对矿房起着托板(关键层)的作用,承受着上方岩层的重量,并把压力传递给矿柱,矿房在关键层的保护之下。

（2）覆岩关键层位置的判别

① 判别方法。如图 3-4 所示,覆岩中的任一岩层所受载荷除其自重外,一般还受上覆邻近岩层相互作用产生的载荷。设膏层直接顶上方共有 m 层岩层,各岩层的厚度为 $h_i(i=1,2,\cdots,m)$,重力密度为 γ_i,弹性模量为 E_i。其中第 1 层岩

(编号为 1)所控制的岩层达第 n 层。第 1 层与第 n 层岩层将同步变形,形成组合梁,根据组合梁原理,第 1 层岩层所受载荷的计算公式为:

$$(q_n)_1 = \frac{E_1 h_1^3 (\gamma_1 h_1 + \gamma_2 h_2 + \cdots + \gamma_n h_n)}{E_1 h_1^3 + E_2 h_2^3 + \cdots + E_n h_n^3}$$

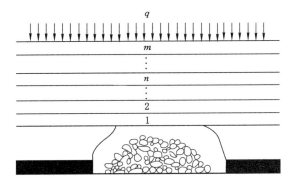

图 3-4　顶板载荷计算模型图

根据关键层的定义与变形特征,在关键层变形过程中,其所控制上覆岩层随之同步变形,而其下部岩层不与之协调变形,因而它所承受的载荷已不再需要其下部岩层来承担。在图 3-4 中,第 1 层岩石为第 1 层关键层,它的控制范围达第 n 层,则第(n+1)层成为第 2 层关键层必然满足:

$$(q_{n+1})_1 < (q_n)_1 \tag{3-9}$$

式中,$(q_{n+1})_1$、$(q_n)_1$ 分别为计算到第(n+1)层与第 n 层时,第 1 层关键层所受载荷。

按照式(3-9)的原则,由下往上逐层判别,直至确定出最上一层可能成为关键层的硬岩层位置,设覆岩共有 k 层硬岩层满足式(3-9)要求。

按照式(3-9)确定出的硬岩层还必须满足关键层的强度条件,即满足下层硬岩层的破断距小于上层硬岩层的破断距,即:

$$l_j < l_{j+1} (j = 1,2,\cdots,k) \tag{3-10}$$

式中,l_j、l_{j+1} 分别为第 j 层和第(j+1)层的破断距;k 为式(3-9)确定的硬岩层层数。

若第 j 层硬岩层不满足式(3-10),则应将第(j+1)层硬岩层所控制的全部岩层载荷作用到第 k 层上,重新计算第 k 层硬岩层破断距后继续判别,并按照式(3-9)原则,由下往上逐层判别,最终确定出所有关键层位置。

② 判别结果:

A. Ⅱ-2 膏层。Ⅱ-2 膏层护顶膏顶板受上覆岩层载荷的计算如表 3-4

所示。

根据表 3-4 的计算结果,由式(3-9)判别Ⅱ-2膏层矿房顶板中的硬岩层如表 3-8 所示。

Ⅱ-2膏层矿房顶板中硬岩层的破断距根据式(3-7)进行计算。

表 3-8 Ⅱ-2膏层矿房顶板硬岩层主要参数指标

Ⅱ-2膏层顶板硬岩层					l_j/m
岩性	层位	厚度/m	抗拉强度/MPa	载荷/(kN/m²)	
石膏	Ⅱ-2护顶膏	1.50	3.609	36.07	$l_1 = 17.33$
石膏	Ⅱ-2顶板(2)	5.86	3.609	128.92	$l_2 = 35.80$
泥灰岩	Ⅱ-2顶板(3)	5.94	4.542	198.57	$l_3 = 32.80$
泥灰岩	Ⅱ-2顶板(5)	14.37	4.542	570.41	$l_4 = 46.82$
泥岩	Ⅱ-2顶板(8)	9.75	3.033	338.86	$l_5 = 33.68$

根据表 3-4 和表 3-8 的计算结果,运用上述判别方法,按照式(3-9)和式(3-10)原则,逐层判别确定出Ⅱ-2膏层的关键层为Ⅱ-2护顶膏、Ⅱ-2顶板(2)、Ⅱ-2顶板(5)和Ⅱ-2顶板(10)。

Ⅱ-2膏顶板(3)泥灰岩和Ⅱ-2膏顶板(8)泥岩分别存在 $l_2 > l_3$ 和 $l_4 > l_5$,不满足式(3-10),因此不是关键层,可以视为Ⅱ-2膏上方顶板的次关键层。

因此,对于Ⅱ-2膏层矿房来说,由于上覆岩层中关键层的存在,矿房需承受的载荷仅为 36.07 kN/m²。

B. Ⅱ-3膏层。Ⅱ-3膏层护顶膏顶板受上覆岩层载荷的计算如表 3-5 所示。

根据表 3-5 的计算结果,由式(3-9)判别Ⅱ-3膏层矿房顶板中的硬岩层如表 3-9 所示。

Ⅱ-3膏层矿房顶板中硬岩层的破断距根据式(3-7)进行计算。

表 3-9 Ⅱ-3膏层矿房顶板硬岩层主要参数指标

Ⅱ-3膏层顶板硬岩层					l_j/m
岩性	层位	厚度/m	抗拉强度/MPa	载荷/(kN/m²)	
石膏	Ⅱ-3护顶膏	1.50	3.609	55.91	$l_1 = 13.92$
膏质泥灰岩	Ⅱ-3顶板(2)	2.38	2.265	69.89	$l_2 = 15.64$

根据表 3-5 和表 3-9 的计算结果,运用上述判别方法,按照式(3-9)和式(3-10)原则,逐层判别确定出Ⅱ-3 膏层的关键层为Ⅱ-3 护顶膏、Ⅱ-3 顶板(2)。

因此,对于Ⅱ-3 膏层矿房来说,由于上覆岩层中关键层的存在,矿房需承受的载荷仅为 55.91 kN/m²。

C. Ⅱ-4 膏层。Ⅱ-4 膏层护顶膏顶板受上覆岩层载荷的计算如表 3-6 所示。

根据表 3-6 的计算结果,由式(3-9)判别Ⅱ-4 膏层矿房顶板中的硬岩层如表 3-10 所示。

Ⅱ-4 膏层矿房顶板中硬岩层的破断距根据式(3-7)进行计算。

表 3-10　Ⅱ-4 膏层矿房顶板硬岩层主要参数指标

Ⅱ-4 膏层顶板硬岩层					l_j/m
岩性	层位	厚度/m	抗拉强度/MPa	载荷/(kN/m²)	
石膏	Ⅱ-4 护顶膏	1.50	3.609	49.27	$l_1 = 14.82$

根据表 3-6 和表 3-10 的计算结果,运用上述判别方法,按照式(3-9)和式(3-10)原则,可以确定Ⅱ-4 膏层的关键层为Ⅱ-4 护顶膏,它承担从Ⅱ-4 矿房顶板至Ⅱ-3 矿房底板之间全部岩层重量,其载荷为 49.27 kN/m²。

D. Ⅲ-2 膏层。Ⅲ-2 膏层护顶膏顶板受上覆岩层载荷的计算如表 3-7 所示。

根据表 3-7 的计算结果,由式(3-9)和式(3-10)判别Ⅲ-2 膏层矿房顶板中的硬岩层如表 3-11 所示。

Ⅲ-2 膏层矿房顶板中硬岩层的破断距根据式(3-7)进行计算。

表 3-11　Ⅲ-2 膏层矿房顶板硬岩层主要参数指标

Ⅲ-2 膏层顶板硬岩层					l_j/m
岩性	层位	厚度/m	抗拉强度/MPa	载荷/(kN/m²)	
石膏	Ⅲ-2 护顶膏	1.50	3.609	44.91	$l_1 = 15.53$
石膏	Ⅲ-2 顶板(2)	3.34	3.609	102.09	$l_2 = 22.93$

根据表 3-7 和表 3-11 的计算结果,运用上述判别方法,按照式(3-9)和式(3-10)原则,逐层判别确定出Ⅲ-2 膏层的关键层为Ⅲ-2 护顶膏和Ⅲ-2 顶板(2)。

因此,对于Ⅲ-2 膏层矿房来说,由于上覆岩层中关键层的存在,矿房需承受的载荷仅为 44.91 kN/m²。

3.1.3.4 矿房极限跨距计算

根据上面的计算分析结果,确知开采膏层矿房上方均存在关键层,各层护顶膏只承担关键层下方岩层的重量,护顶膏厚度取 1.5 m 计算,代入各层护顶膏载荷值到式(3-7)中,得到护顶膏极限跨距如表 3-12 所示。

表 3-12 矿房极限跨距的计算表

膏层	Ⅱ-2	Ⅱ-3	Ⅱ-4	Ⅲ-2
极限跨距 l/m	17.33	13.92	14.82	15.53

由于开采膏层上方存在关键层,关键层之间产生复合效应,使得护顶膏的极限跨距增加。

3.1.3.5 护顶膏分层厚度对矿房宽度的影响

上面进行矿房宽度计算时,1.50 m 的护顶膏是作为一个整层来考虑的,实际上,石膏本身的层理很发育,分层厚度也不均匀,大多为 10~40 cm,但也有一部分分层低于 10 cm,但超过 40 cm 的分层则比较少。

为了保证施工安全,在留护顶膏时,通常选取厚度比较大的分层作为工作面的直接顶板,下面分析护顶膏分层厚度对矿房跨距的影响。

根据前面的分析,矿房护顶膏相当于固支梁的受力作用,极限跨距为:

$$l_s = h\sqrt{\frac{2[\sigma]}{q}} \tag{3-11}$$

式中,l_s 为矿房跨距,m;h 为上覆岩层或岩石分层厚度,m;$[\sigma]$ 为上覆岩层或岩石分层抗拉强度,MPa;q 为上覆岩层或岩石分层所承受的载荷,kN/m²。

在上式中,关键是确定底分层石膏梁所承受的载荷 q,因底分层石膏上方也是呈分层结构的石膏,石膏上方的顶板岩层也是分层结构,所以底分层石膏的极限跨距所应考虑载荷的大小须根据各分层之间的相互影响来定,下式表示第 n 分层对第 1 分层(底分层)影响所形成的载荷 $(q_n)_1$:

$$(q_n)_1 = \frac{E_1 h_1^3 (\gamma_1 h_1 + \gamma_2 h_2 + \cdots + \gamma_n h_n)}{E_1 h_1^3 + E_2 h_2^3 + \cdots + E_n h_n^3}$$

当计算到 $(q_{n+1})_1 < (q_n)_1$ 时,则以 $(q_n)_1$ 作为作用于第 1 层岩层的单位面积上的载荷。

根据前面的试验结果,护顶膏各分层间的弹性模量 E_1、E_2、$\cdots$、E_n 没有明显的规律,有一定随机性,所以,可以假设护顶膏各分层间的弹性模量 E_1、E_2、$\cdots$、E_n 和重力密度 γ_1、γ_2、$\cdots$、γ_n 均相等,则上式可以简化为:

$$(q_n)_1 = \frac{h_1^3 \gamma (h_1 + h_2 + \cdots + h_n)}{h_1^3 + h_2^3 + \cdots + h_n^3} \tag{3-12}$$

呈分层结构的护顶膏层的稳定性取决于底分层石膏的稳定性,而底分层承受的载荷与上部各分层的厚度变化及与底分层的距离有很大关系。下面对护顶膏层结构分不同情况进行讨论。

膏层顶板岩层的平均抗拉强度较石膏高,且不暴露风化,比石膏层更为稳定,所以在下面的分析中,可以不考虑顶板岩层的影响。

(1) 分层厚度大致相等

如果各分层的厚度相差不大,根据式(3-12)的计算总有$(q_{n+1})_1 = (q_n)_1$,这相当于各分层独立运动,彼此没有影响。这时护顶膏层的稳定性取决于底分层自身的稳定性,底分层承受的载荷也为底分层自重。

(2) 分层厚度不稳定

根据关键层理论,底分层将承受自重及上覆各分层相互作用产生的载荷。很显然,上覆分层的厚度越大,分层间对底分层相互作用产生的载荷就越小;分层厚度越不均匀,次关键层产生的作用就越明显,分层间相互作用产生的载荷也越小。

如果上覆分层足够多,则上覆各分层厚度可视为相等。假设底分层厚度为h,当$n \rightarrow \infty$时,有$h_1 = h$,$h_2 = h_3 = \cdots = h_m$。

则底分层(第 1 分层)所受载荷为:

$$(q_m)_1 = \frac{\gamma h^3 \left(h + \sum_{m=2}^{m} \frac{1}{n} h \right)}{h^3 + \sum_{m=2}^{m} \left(\frac{1}{n} h \right)^3} = \frac{\gamma h \left[1 + (m-1) \frac{1}{n} \right]}{1 + (m-1) \left(\frac{1}{n} \right)^3} = \gamma h \left[\frac{n^2 (m-1+n)}{(m-1) + n^3} \right]$$

$$(3-13)$$

根据假设条件,护顶膏厚度为 1.5 m,包括底分层在内的上覆分层数 m 为:

$$m = 1 + \frac{1.5 - h}{\frac{1}{n} h} = 1 + \frac{(1.5 - h)n}{h} \tag{3-14}$$

将式(3-14)代入式(3-13)可以得到:

$$(q_m)_1 = \gamma h \frac{n^2 \left[\frac{(1.5-h)n}{h} + n \right]}{\frac{(1.5-h)n}{h} + n^3} = \frac{1.5 n^2 \gamma h}{(n^2 - 1)h + 1.5} \tag{3-15}$$

根据式(3-15),可以得到当$n \rightarrow \infty$时,$(q_m)_1 = 1.5\gamma$。也就是说,当分层数目足够多时,底分层将承受全部护顶膏的重量。

综上所述,护顶膏无论具有怎样的分层结构,底分层承受载荷的最大值即为护顶膏本身的自重,据此可得到不同底分层厚度时矿房的跨距。

护顶膏厚度取 1.5 m,重力密度 γ 取 24 kN/m³,根据上面的分析,底分层承受的最大载荷为 $1.5\gamma = 36$ kN/m²,护顶膏抗拉强度为 3.609 MPa,则根据式(3-12),得到护顶膏不同底分层厚度时的极限跨距如表 3-13 所示。

表 3-13　护顶膏底分层不同厚度时的极限跨距

底分层厚度/cm	10	15	20	25	30	35	40
极限跨距/m	1.42	2.12	2.83	3.54	4.25	4.96	5.67

由于埋藏不是很深,在不超过 400 m 的情况下,埋深对岩石抗拉强度及抗压强度等力学参数影响不大,也就是说矿房的稳定性主要受岩层分层厚度及力学性质的影响,而埋藏对石膏力学性质变化的影响不大,可以忽略(但埋藏对矿柱强度及稳定性的影响是不能忽略的,见后面的分析),因此,决定矿房稳定性的因素主要是护顶膏层的分层厚度。

大汶口石膏矿区膏层分层厚度为 10～40 cm,大多为 20～30 cm,结合实际的分层厚度,并考虑矿区实际经验和施工安全,各矿房重叠布置,矿房宽度取 4 m。

3.2　开采过程中施工安全保障

根据表 3-13,要保证矿房稳定,护顶膏层底分层厚度最小需要达到 30 cm,考虑到现场条件的变化及复杂性,确定护顶膏层底分层最小厚度为 35 cm,如果底分层的厚度达不到要求,则需要在顶板进行锚杆加强支护,锚杆的作用相当于把各分层组合起来形成整体梁。

根据鲁能石膏矿的具体情况,锚杆材质选择 MQ335,直径 16 mm,长度1 500 mm。

参照《煤矿锚杆支护手册》,确定锚杆支护排距为 1.0 m,则锚杆间距为:

$$a = \sqrt{\frac{Q}{K \times q}} \qquad (3-16)$$

式中,Q 为锚杆锚固力,kN,MQ335 应不低于 70 kN;K 为安全系数,取 3;q 为锚杆需提供的支护力,kN/m²,其等于护顶膏层的重量减去底分层能够承担的载荷,如表 3-14 所示。

表 3-14　锚杆支护力计算表

底分层 厚度/cm	锚杆需提供 支护力/(kN/m²)	Ⅱ膏层 锚杆间距/m	Ⅲ膏层 锚杆间距/m
<10	34.5	0.82	0.82
10	31.4	0.86	0.86
15	27.6	0.92	0.93
20	22.2	1.03	1.04
25	15.3	1.23	1.29
30	6.83	1.85	2.15
<35	6.83	1.85	2.15

根据表 3-14 的结果,确定Ⅱ、Ⅲ膏层护顶膏底分层厚度小于 20 cm 时锚杆间排距为 800 mm×1 000 mm,底分层厚度为 20～35 cm 时锚杆间排距为 1 000 mm×1 000 mm,底分层厚度大于 35 cm 时不支护。施工时参照表 3-15 的顶板控制方案执行。

表 3-15　护顶膏不同底分层厚度时的顶板控制方案

不支护 底分层厚度/cm	支护三排锚杆 底分层厚度/cm	支护四排锚杆 底分层厚度/cm
>35	20～35	<20

如果底分层为非常坚硬、致密和稳定的厚分层石膏时,上述条件可适当降低。

3.3　开采隔离范围及隔离矿柱尺寸的确定

3.3.1　开采沉陷预计

3.3.1.1　参数选取

根据前面的设计,鲁能石膏矿多层膏重叠开采时即使矿柱在长期载荷下(流变)也能保持稳定,但由于石膏流变的不确定性或其他因素,若干年后矿柱如果失稳,可能导致地表沉陷,对地面建筑物造成影响,下面对矿柱失稳可能导致的地表沉陷进行分析。

鲁能石膏矿膏系地层上覆岩性可定为中硬,无本矿岩移参数,参照《煤矿测量手册》并类比地质采矿条件类似矿山,所取地表沉陷的岩移参数如表 3-16 所示。

表 3-16　岩移参数表

q	b	tan β	S/m	r/m
0.85	0.35	1.15	32.5	284

注：q 为煤层开采下沉系数；b 为水平移动系数；S 为拐点平移距，m；$\tan\beta$ 为主要影响角正切；r 为主要影响半径，m，$r=H/\tan\beta$，H 为膏层埋深，m。

3.3.1.2　计算方法

参照《建筑物、水体、铁路及主要井巷煤柱留设与压煤开采规范》，应用概率积分法数学模型进行地表移动变形的预测计算。

地表移动变形计算公式：

$$
\left.
\begin{aligned}
&\text{下沉}: W(x)=\frac{W_{cm}}{\sqrt{\pi}}\int_{-\sqrt{\pi}\frac{x}{r}}^{\infty}e^{\pi\left(\frac{x}{r}\right)^2}d\lambda \\
&\text{倾斜}: i(x)=\frac{W_{cm}}{r}e^{-\pi\left(\frac{x}{r}\right)^2} \\
&\text{曲率}: K(x)=-\frac{2\pi W_{cm}}{r^2}\left(\frac{x}{r}\right)e^{-\pi\left(\frac{x}{r}\right)^2} \\
&\text{水平移动}: U(x)=bW_{cm}e^{-\pi\left(\frac{x}{r}\right)^2} \\
&\text{水平变形}: \varepsilon(x)=-2\pi b\frac{W_{cm}}{r}\left(\frac{x}{r}\right)e^{-\pi\left(\frac{x}{r}\right)^2}
\end{aligned}
\right\}
\tag{3-17}
$$

式中，x 为计算点的坐标，m；坐标原点为计算边界（考虑拐点偏距）在地表的投影。

移动和变形的最大值及其位置：

$$
\left.
\begin{aligned}
&\text{最大下沉值}: W_{cm}=qm\cos\alpha, \text{mm}; \text{位置}: x=\infty \\
&\text{最大倾斜值}: i_{cm}=\frac{W_{cm}}{r}, \text{mm/m}; \text{位置}: x=0 \\
&\text{最大曲率值}: K_{cm}=1.52\frac{W_{cm}}{r^2}, 10^{-3}/\text{m}; \text{位置}: x=\pm0.4r \\
&\text{最大水平移动值}: U_{cm}=bW_{cm}, \text{mm}; \text{位置}: x=0 \\
&\text{最大水平变形值}: \varepsilon_{cm}=1.52b\frac{W_{cm}}{r}, \text{mm/m}; \text{位置}: x=\pm0.4r
\end{aligned}
\right\}
$$

这里，我们只计算各种变形的最大值。

3.3.1.3　计算结果

（1）充分塌陷

充分塌陷是指井下矿柱失稳塌陷的范围足够大，地表移动稳定后形成了下沉盆地，即使垮塌范围无限增加，下沉最大值也保持不变。

由于鲁能石膏矿采用房柱式开采,房宽 4 m,柱宽也是 4 m,如果矿柱失稳,顶板下沉空间最多是采高的一半。矿柱失稳后,碎膏石堆积在长条形矿柱两边,使得矿柱失稳散落后堆积不均匀,造成顶板下沉空间的进一步减少,因此确定矿柱垮塌后顶板有效下沉空间为采高的 40%。

矿区范围内主要村庄为西张庄,Ⅲ-2 膏在该村范围内的平均标高为 −80 m,地面标高为 +86 m,平均埋深为 160 m。

① Ⅱ-2 膏层失稳垮塌时,地表最大移动值如下:

最大下沉值:$W_{cm} = 1\ 352.55$ mm;

最大倾斜值:$i_{cm} = 9.72$ mm/m;

最大曲率值:$K_{cm} = 0.106 \times 10^{-3}$/m;

最大水平移动值:$U_{cm} = 473.4$ mm;

最大水平变形值:$\varepsilon_{cm} = 5.17$ mm/m。

② Ⅱ-2 和 Ⅱ-3 膏层同时失稳时,地表最大移动值如下:

最大下沉值:$W_{cm} = 2\ 705$ mm;

最大倾斜值:$i_{cm} = 19.44$ mm/m;

最大曲率值:$K_{cm} = 0.212 \times 10^{-3}$/m;

最大水平移动值:$U_{cm} = 947$ mm;

最大水平变形值:$\varepsilon_{cm} = 10.34$ mm/m。

③ Ⅱ-2、Ⅱ-3 和 Ⅱ-4 膏层同时失稳时,地表最大移动值如下:

最大下沉值:$W_{cm} = 4\ 058$ mm;

最大倾斜值:$i_{cm} = 29.16$ mm/m;

最大曲率值:$K_{cm} = 0.32 \times 10^{-3}$/m;

最大水平移动值:$U_{cm} = 1\ 420$ mm;

最大水平变形值:$\varepsilon_{cm} = 15.52$ mm/m。

④ Ⅱ-2、Ⅱ-3、Ⅱ-4 和 Ⅲ-2 膏层同时失稳时,地表最大移动值如下:

最大下沉值:$W_{cm} = 5\ 410$ mm;

最大倾斜值:$i_{cm} = 38.89$ mm/m;

最大曲率值:$K_{cm} = 0.425 \times 10^{-3}$/m;

最大水平移动值:$U_{cm} = 1\ 894$ mm;

最大水平变形值:$\varepsilon_{cm} = 20.69$ mm/m。

(2) 非充分塌陷

非充分塌陷是指开采塌陷的范围不够大,在相同采深和采厚条件下,地表下沉没有达到最大值,会随着塌陷范围的增加而增加。

非充分采动情况下,地表下沉最大值可以根据下式计算:

$$W_{cm} = m\left[1 - e^{-C\left(\frac{D_1}{H}\right)^2}\right] \tag{3-18}$$

式中，C 为覆岩类型系数；D_1 为矿柱最大失稳宽度，m；H 为平均开采深度，m；m 为矿柱失稳时有效下沉空间，m。

为计算方便，将式(3-18)中的第二项制成如表 3-17 所示的与 D_1/H 和覆岩类型系数 C 有关的表格，根据 D_1/H 和 C 查出相应数据后，乘以有效采高 m，即得非充分采动时的最大下沉值 W_{cm}。

表 3-17　非充分采动下沉系数

覆岩类型	D_1/H											
	0	0.1	0.2	0.3	0.4	0.5	0.6	0.7	0.8	0.9	1.0	1.1
坚硬类型 $C=1$	0	0.01	0.04	0.09	0.15	0.22	0.30	0.39	0.47	0.56	0.60	0.70
中硬类型 $C=2$	0	0.02	0.08	0.17	0.27	0.40	0.51	0.63	0.72	0.80	0.87	0.91
重复采动 $C=3$	0	0.03	0.12	0.24	0.38	0.53	0.66	0.77	0.85	0.91	0.95	0.97

通常情况下，当垮塌的最小宽度或长度小于垮塌范围膏层的平均埋深时，垮塌不充分。根据鲁能石膏矿目前的开拓布置，两条上山之间的距离约为 170 m，如果把上山(下山)保护矿柱作为矿块间的隔离矿柱，并假设上(下)山两侧各留 20 m 保护矿柱，则矿柱最大失稳宽度 D_1 为 130 m。西张庄村下压膏范围内的平均采深为 160 m，则 $D_1/H=0.812\,5$，覆岩类型为中硬类型，$C=2$，查表得下沉系数为 0.72，则相应的地表下沉值如表 3-18 所示。

表 3-18　非充分采动地表移动值

失稳层	W_{cm}/mm	i_{cm}/(mm/m)	K_{cm}/($\times10^{-3}$/m)	U_{cm}/mm	ε_{cm}/(mm/m)
II-2	1 162	8.35	0.091	407	4.44
II-2、II-3	2 323	16.70	0.182	813	8.88
II-2、II-3、II-4	3 484	25.05	0.274	1 220	13.33
II-2、II-3、II-4、III-2	4 646	33.40	0.365	1 626	17.77

3.3.2　矿柱失稳对地面村庄影响程度预计

建筑物受矿柱失稳垮塌影响的破坏程度取决于地表变形值的大小和建筑物本身抵抗变形的能力，现按《建筑物、水体、铁路及主要井巷煤柱留设与压煤开采规范》及有关标准进行村庄平房破坏等级的划分。表 3-19 为长度或变形缝区段内长度不大于 20 m 的砖混结构建筑物按不同的地表变形值划分的损坏等级。

表 3-19 砖混结构建筑物损坏等级

损坏等级	建筑物损坏程度	地表变形值			损坏分类	结构处理
		水平变形 ε /(mm/m)	曲率 K /($\times 10^{-3}$/m)	倾斜 i /(mm/m)		
I	自然间砖墙上出现宽度 1～2 mm 的裂缝	≤2.0	≤0.2	≤3.0	极轻微损坏	不修或者简单维修
	自然间砖墙上出现宽度小于 4 mm 的裂缝,多条裂缝总宽度小于 10 mm				轻微损坏	简单维修
II	自然间砖墙上出现宽度小于 15 mm 的裂缝,多条裂缝总宽度小于 30 mm;钢筋混凝土梁、柱上裂缝长度小于 1/3 截面高度;梁端抽出小于 20 mm;砖柱上出现水平裂缝,缝长大于 1/2 截面边长;门窗略有歪斜	≤4.0	≤0.4	≤6.0	轻度损坏	小修
III	自然间砖墙上出现宽度小于 30 mm 的裂缝,多条裂缝总宽度小于 50 mm;钢筋混凝土梁、柱上裂缝长度小于 1/2 截面高度;梁端抽出小于 50 mm;砖柱上出现小于 5 mm 的水平错动;门窗严重变形	≤6.0	≤0.6	≤10.0	中度损坏	中修
IV	自然间砖墙上出现宽度大于 30 mm 的裂缝,多条裂缝总宽度大于 50 mm;梁端抽出小于 60 mm;砖柱上出现小于 25 mm 的水平错动	>6.0	>0.6	>10.0	严重损坏	大修
	自然间砖墙上出现严重交叉裂缝、上下贯通裂缝,以及墙体严重外鼓、歪斜;钢筋混凝土梁、柱裂缝沿截面贯通;梁端抽出大于 60 mm;砖柱出现大于 25 mm 的水平错动;有倒塌的危险				极度严重损坏	拆建

注:建筑物的损坏等级按自然间为评判对象,根据各自然间的损坏情况按本表分别进行。本表砖混结构建筑物主要指矿区农村自建砖石和砖混结构的低层房屋。

3.3.2.1 大面积充分垮塌情况下

如果出现大面积垮塌,垮塌范围达数十万平方米(可能性较小),则垮塌后地表移动对地面村庄建筑物的影响程度如表3-20所示。

表 3-20 充分垮塌时村庄建筑物破坏程度预计

失稳层	破坏等级	水平变形 ε /(mm/m)	曲率 K /($\times10^{-3}$/m)	倾斜 i /(mm/m)	破坏程度
II-2	III	5.17	0.106	9.72	中度破坏,中修
II-2、II-3	IV	10.34	0.212	19.44	严重破坏,大修
II-2、II-3、II-4	IV	15.52	0.320	29.16	极严重损坏,拆除
II-2、II-3、II-4、III-2	IV	20.69	0.425	38.89	极严重损坏,拆除

上面是对平均采深160 m,矿柱大面积垮塌(垮塌宽度超过160 m)时,村庄建筑物破坏程度的预计。根据预计结果,当大面积垮塌时,如果重叠开采的各层均失稳垮塌,则地面房屋破坏极严重,将不适合住人,需要拆除。

3.3.2.2 非充分垮塌情况下

如果上(下)山矿柱能起到隔离作用,阻止垮塌大面积发生,这样两条上(下)山之间矿块的矿柱垮塌使地表不能充分移动,其对村庄建筑物的影响程度如表3-21所示。

表 3-21 非充分垮塌时村庄建筑物破坏程度预计

失稳层	破坏等级	水平变形 ε /(mm/m)	曲率 K /($\times10^{-3}$/m)	倾斜 i /(mm/m)	破坏程度
II-2	III	4.44	0.091	8.35	中度破坏,中修
II-2、II-3	IV	8.88	0.182	16.70	严重破坏,大修
II-2、II-3、II-4	IV	13.33	0.274	25.05	极严重损坏,拆除
II-2、II-3、II-4、III-2	IV	17.77	0.365	33.40	极严重损坏,拆除

上面是对平均采深160 m,矿柱大面积垮塌(垮塌宽度超过160 m,充分垮塌)和小范围垮塌(垮塌宽度130 m,非充分垮塌)时,村庄建筑物破坏程度的预计。根据预计结果,当大面积垮塌时,如果重叠开采的各层失稳垮塌,则地面房屋破坏极严重,将不适合住人,需要拆除;当小面积垮塌时,如

果重叠开采的各层失稳垮塌,地面房屋破坏仍将很严重,不适合住人,但破坏程度要轻些。在大面积垮塌时,如建筑物在移动盆地的中部,则房屋将不会出现大的破坏,甚至不用维修。但当石膏矿柱垮塌时,垮塌矿柱周围堆积的矿石多于矿房中间,矿柱上方覆岩下沉空间就小于矿房中间顶板覆岩下沉空间,这样就造成了地表移动的不均匀性,使得移动的地表出现起伏,将造成房屋破坏的加剧。

显然,矿柱垮塌范围的平均采深越大,对地表破坏程度越小。

3.3.3 村下开采时的合理隔离范围

从前面的分析看,按矿井目前上(下)山的间距170 m算,即使上(下)山两侧各留20 m隔离矿柱,重叠开采后如果膏层失稳,房屋的破坏仍将较严重。为了进一步减轻地面房屋的破坏程度,可以适当降低矿块间的隔离宽度,即减少两条上(下)山间的距离。表3-22和表3-23是两条上山或下山间距离取140 m,上山或下山两侧各留20 m隔离矿柱(失稳宽度最大100 m)时地表移动值及房屋破坏预计;表3-24和表3-25是两条上山或下山间距离取96 m,上山或下山两侧各留20 m隔离矿柱(失稳宽度最大56 m)时地表移动值及房屋破坏预计。

表 3-22　失稳宽度 100 m 时地表移动值

失稳层	采深/m	下沉系数	W_{cm}/mm	i_{cm}/(mm/m)	K_{cm}/($\times 10^{-3}$/m)	U_{cm}/mm	ε_{cm}/(mm/m)
II-2	160	0.532 5	847	6.10	0.066 5	297	3.24
II-2、II-3	160	0.532 5	1 695	12.18	0.133 1	593	6.48
II-2、II-3、II-4	160	0.532 5	2 542	18.27	0.199 6	890	9.72
II-2、II-3、II-4、III-2	160	0.532 5	3 389	24.36	0.266 1	1 186	12.96

表 3-23　失稳宽度 100 m 时村庄建筑物破坏程度预计

失稳层	破坏等级	水平变形 ε/(mm/m)	曲率 K/($\times 10^{-3}$/m)	倾斜 i/(mm/m)	破坏程度
II-2	II	3.24	0.066 5	6.10	轻度破坏,小修
II-2、II-3	III～IV	6.48	0.133 1	12.18	中度破坏,中修
II-2、II-3、II-4	IV	9.72	0.199 6	18.27	严重破坏,大修或拆除
II-2、II-3、II-4、III-2	IV	12.96	0.266 1	24.36	极严重破坏,拆除

表 3-24　失稳宽度 56 m 时地表移动值

失稳层	采深 /m	下沉系数	W_{cm} /mm	i_{cm} /(mm/m)	K_{cm} /($\times 10^{-3}$/m)	U_{cm} /mm	ε_{cm} /(mm/m)
Ⅱ-2	160	0.22	350	2.52	0.027 5	123	1.340
Ⅱ-2、Ⅱ-3	160	0.22	700	5.03	0.055 0	245	2.677
Ⅱ-2、Ⅱ-3、Ⅱ-4	160	0.22	1 050	7.55	0.082 0	368	4.020
Ⅱ-2、Ⅱ-3、Ⅱ-4、Ⅲ-2	160	0.22	1 400	10.00	0.110 0	490	5.350

表 3-25　失稳宽度 56 m 时村庄建筑物破坏程度预计

失稳层	破坏等级	水平变形 ε /(mm/m)	曲率 K /($\times 10^{-3}$/m)	倾斜 i /(mm/m)	破坏程度
Ⅱ-2	Ⅰ	1.340	0.027 5	2.52	极轻微损坏,不修
Ⅱ-2、Ⅱ-3	Ⅱ	2.677	0.055 0	5.03	轻微破坏,小修
Ⅱ-2、Ⅱ-3、Ⅱ-4	Ⅲ	4.020	0.082 0	7.55	中度破坏,中修
Ⅱ-2、Ⅱ-3、Ⅱ-4、Ⅲ-2	Ⅲ	5.350	0.110 0	10.00	中度破坏,中修

　　从表 3-23 中可以看出,即使隔离范围内的重叠矿柱全部垮塌(可能性较小,且垮塌不会彻底),地表移动破坏的村庄建筑物部分经过维修仍可继续使用,没有严重的安全隐患,地表移动时不会出现房屋立即倒塌破坏等严重事故。

　　从表 3-25 中可以看出,在村下的采区间取间距 96 m,隔离矿柱不低于 40 m(上山或下山两侧各留 20 m,最大失稳宽度 56 m)的情况下,房屋不会严重破坏,经过维修仍能使用。

　　如果出现多个采区范围内的矿柱都同时垮塌,虽然垮塌被隔离,但地表移动比仅一个采区范围内的矿柱垮塌要稍严重一些。

3.3.4　上山隔离矿柱尺寸确定

3.3.4.1　隔离矿柱边缘破裂区的临界宽度 x_0 和 R

　　采空区矿柱垮塌后,上覆岩层的应力重新分布,在隔离矿柱一定深度内形成支承压力带。更确切地说,支承压力是采场围岩应力重新分布范围内,作用在隔离矿柱、采空区垮塌冒落矸石或充填物上的层面垂直压力。由于支承压力的作用和采矿扰动等因素的影响,隔离矿柱一定深度内的膏岩已破坏,越向矿柱深处,支承压力越大,直至达到顶峰。通常把矿柱内的支承压力范围划分为非弹性区和弹性区两个区域,如图 3-5 所示。

　　非弹性区通常也叫极限平衡区,其基本含义是膏体由于垮塌破坏,在膏壁边缘形成集中应力,当集中应力超过膏壁边缘膏体的单轴抗压强度时,膏体破坏。膏体破坏后承载能力下降,应力集中的位置向深部转移,集中应力转移的结果可

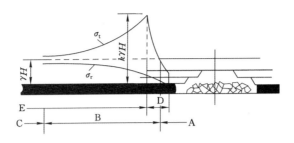

A—减压区;B—增压区;C—稳压区;D—非弹性区(极限平衡区);E—弹性区。

图 3-5　支承压力分区

能使内部一定范围内的膏体遭到破坏。但随着深度的增加,膏体受力状态逐渐由两向转为三向,抗压强度逐渐提高,膏体的破坏程度将越来越轻,最后在内部某一位置膏体的强度和集中应力达到平衡,这个位置范围内的膏体均处于极限平衡状态,称为极限平衡区。

对于极限平衡区可按图 3-6 所示的关系建立极限平衡方程:

$$m(\sigma_x + \mathrm{d}\sigma_x) - m\sigma_x - 2f\sigma_y \mathrm{d}x = 0 \tag{3-19}$$

式中,f 为层面间的摩擦系数,$f = \tan \varphi_1$,φ_1 为护顶底膏的顶底与膏层间的摩擦角;m 为采高,m;σ_y 为垂直应力(即支承压力),MPa;σ_x 为水平应力,MPa。

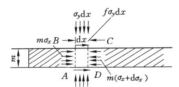

图 3-6　采场前方极限平衡区的受力状态

根据极限平衡区的条件,有:

$$\sigma_y = R_c + \frac{1 + \sin \varphi}{1 - \sin \varphi}\sigma_x \tag{3-20}$$

式中,R_c 为膏的单轴抗压强度,MPa;φ 为膏的内摩擦角,(°)。

由此可得:

$$\frac{\mathrm{d}\sigma_y}{\mathrm{d}\sigma_x} = \frac{1 + \sin \varphi}{1 - \sin \varphi} = \xi \tag{3-21}$$

将式(3-21)代入平衡方程式(3-19)中,求解可得:

$$\ln \sigma_y = \frac{2f\xi}{m}x + C \tag{3-22}$$

当 $x = 0$,$\sigma_y = R_c^*$ 时:

$$C = \ln R_c^*$$

式中，R_c^* 为膏帮的支撑能力（膏壁受压后的残余强度），MPa。

$$\ln \sigma_y - \ln R_c^* = \frac{2f\xi}{m}x$$

$$\frac{\sigma_y}{R_c^*} = \mathrm{e}^{\frac{2f\xi}{m}x} \tag{3-23}$$

得：

$$\sigma_y = R_c^* \, \mathrm{e}^{\frac{2f\xi}{m}x} \tag{3-24}$$

根据式(3-24)，非弹性区支承压力 σ_y 是按指数规律逐渐递增分布的，在 $x=0$ 处的膏壁位置，支承压力 $\sigma_y = R_c^*$，即在集中应力作用下膏体压坏后的残余强度值。随着 x 的增大，支承压力 σ_y 逐渐增高，在某一位置等于集中应力值的大小，此位置即支承压力的峰值位置，也是非弹性区与弹性区的分界位置。

原岩应力为 γH，设最大集中应力系数为 k，膏壁至支承压力峰值的距离为 x_0，则有：

$$k\gamma H = R_c^* \, \mathrm{e}^{\frac{2f\xi}{m}x_0} \tag{3-25}$$

求解式(3-25)，有：

$$x_0 = \frac{\ln\left(\dfrac{k\gamma H}{R_c^*}\right)}{\dfrac{2f\xi}{m}} \tag{3-26}$$

式(3-26)中各参数的取值如表 3-26 所示。

表 3-26　支承压力分布及膏壁破碎区计算参数

膏层与护顶底膏顶底板的摩擦角 $\varphi_1/(°)$	内摩擦角 /(°)	采厚 h/m	膏体残余强度 R_c^*/MPa	集中应力系数 k	重力密度 $\gamma/(\mathrm{MN/m^3})$	膏层埋深 H/m
10	30	4	34.55×0.2	3	0.025	160

注：考虑到石膏受长期流变、风化及支承压力作用的影响，根据经验，膏壁残余强度取单抗强度的 20%。

把表 3-26 中各参数代入式(3-26)，计算得到 $x_0 = R = 2.09$ m。

3.3.4.2　隔离矿柱中部弹性区的临界宽度

隔离矿柱中部弹性区的临界宽度 L 由两部分组成，如图 3-7 所示，即：

$$L = L_1 + L_2 \tag{3-27}$$

式中，L_1、L_2 分别为隔离矿柱中部靠采空区（垮塌区）一侧和靠上山巷道一侧的弹性区临界宽度，m。

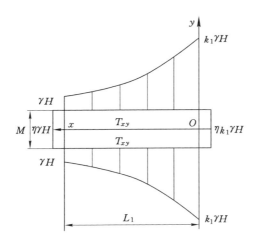

图 3-7　隔离矿柱中部弹性区支承压力分布

当隔离矿柱处于极限平衡稳定状态时,靠采空区(垮塌区)一侧的矿柱最大支承压力峰值发生在弹塑性分界的 x_0 处,其值为 $k_1 \gamma H$,越靠近矿柱中部,支承压力越小,直至趋于原岩应力 γH。

(1)应力函数和应力分量表达式

根据上述分析,并考虑到膏层采厚和采深相比较小,可认为 σ_x 均匀分布,支承压力 σ_y 沿膏层厚度不变,取支承压力分布形式为:

$$\sigma_y = Ax^2 + Bx + D \tag{3-28}$$

利用支承压力的分布特点确定常数:当 $x = 0$、L_1 时,$\sigma_y = k_1 \gamma H$、γH 及 $\mathrm{d}\sigma_y \left| \mathrm{d}x \right|_{x=L_1} = 0$,代入式(3-28),得 $A = (k_1 \gamma H - \gamma H)/L_1^2$,$B = -2(k_1 \gamma H - \gamma H)/L_1$,$D = k_1 \gamma H$。将常数代入式(3-28),得支承压力的分布规律为:

$$\sigma_y = \frac{k_1 \gamma H - \gamma H}{L_1^2} x^2 - 2 \frac{k_1 \gamma H - \gamma H}{L_1} x + k_1 \gamma H \tag{3-29}$$

利用弹性力学应力和应力函数 Ψ 之间的关系,得:

$$\frac{\partial \Psi}{\partial x^2} = \sigma_y = \left| \frac{k_1 \gamma H - \gamma H}{L_1^2} x^2 - 2 \frac{k_1 \gamma H - \gamma H}{L_1} x + k_1 \gamma H \right| \tag{3-30}$$

对式(3-30)积分,得:

$$\Psi = \left| \frac{k_1 \gamma H - \gamma H}{12 L_1^2} x^4 - \frac{k_1 \gamma H - \gamma H}{3 L_1} x^3 + \frac{k_1 \gamma H}{2} x^2 \right| + x f_1(y) + f_2(y) \tag{3-31}$$

将式(3-30)代入双调和函数 $\dfrac{\partial^4 \Psi}{\partial x^4} + 2 \dfrac{\partial^4 \Psi}{\partial x^2 \partial y^2} + \dfrac{\partial^4 \Psi}{\partial y^4} = 0$,得具体形式为:

$$x\frac{\partial^4 f_1(y)}{\partial y^4}+\frac{\partial^4 f_2(y)}{\partial y^4}=2\frac{k_1\gamma H-\gamma H}{L_1^2} \tag{3-32}$$

由于矿柱周边简单,为满足式(3-32),$f_1(y)$和$f_2(y)$取多项式形式,即:

$$f_1(y)=D'y^3+Ey^2+Fy+G$$

$$f_2(y)=Qy^4+Ry^3+Iy^2+Jy+N$$

将$f_1(y)$和$f_2(y)$代入式(3-31),得应力函数为:

$$\Psi=-\left|\frac{k_1\gamma H-\gamma H}{12L_1^2}x^4-\frac{k_1\gamma H-\gamma H}{3L_1}x^3+\frac{k_1\gamma H}{2}x^2\right|+ \tag{3-33}$$
$$x(D'y^3+Ey^2+Fy+G)+Qy^4+Ry^3+Iy^2+Jy+N$$

对式(3-33)求偏导,得应力分量的一般表达式为:

$$\left.\begin{array}{l}\sigma_x=\dfrac{\partial^2\Psi}{\partial y^2}=6D'xy+2Ex+12Qy^2+6Ry+2I\\[2mm]\sigma_y=-\left|\dfrac{k_1\gamma H-\gamma H}{L_1^2}x^2-2\dfrac{k_1\gamma H-\gamma H}{L_1}x+k_1\gamma H\right|\\[2mm]\tau_{xy}=-\dfrac{\partial^2\Psi}{\partial x\partial y}=-(3D'y^2+2Ey+F)\end{array}\right\} \tag{3-34}$$

由于σ_x沿膏层厚度均匀分布,不随y坐标变化,由式(3-34)中的第一式得$D'=R=Q=0$。而当$x=0$、L_1时,$\sigma_x=-\eta k_1\gamma H-\eta\gamma H$,得$I=-\eta k_1\gamma H/2$,$E=(k_1\eta\gamma H-\eta\gamma H)/2L_1$。根据问题的对称性,在膏体与矿房顶底板接触面上(即$y=M/2$和$y=-M/2$),剪应力绝对值应相等,所以常数$F=0$。将各常数代入式(3-34),得应力表达式为:

$$\left.\begin{array}{l}\sigma_x=\dfrac{k_1-1}{L_1}\eta\gamma Hx-\eta k_1\gamma H\\[2mm]\sigma_y=-\left|\dfrac{k_1-1}{L_1^2}\gamma Hx^2-\dfrac{2(k_1-1)}{L_1}\gamma Hx+k_1\gamma H\right|\\[2mm]\tau_{xy}=-\dfrac{k_1-1}{L_1}\eta\gamma Hy\end{array}\right\} \tag{3-35}$$

式中,$\eta=\tan^2\left|\dfrac{90°-\Psi}{2}\right|$,为侧压系数。

(2)弹性区隔离膏体内的主应力及临界尺寸

根据σ_x、σ_y和τ_{xy}的表达式,利用公式$\sigma_{1,3}=\dfrac{\sigma_x+\sigma_y}{2}\pm\sqrt{\left|\dfrac{\sigma_x-\sigma_y}{2}\right|^2+\tau_{xy}^2}$可求出弹性区内任意一点的最大和最小主应力。但在$x=0$,$y=M/2$(或$y=$

$-M/2$)位置,最大和最小主应力达到最大值,分别为:

$$\sigma_1 = \frac{\eta+1}{2}k_1\gamma H + \sqrt{\left|\frac{1-\eta}{2}k_1\gamma H\right|^2 + \left|-\frac{k_1-1}{2L_1}\eta\gamma HM\right|^2}$$

$$\sigma_3 = \frac{\eta+1}{2}k_1\gamma H - \sqrt{\left|\frac{1-\eta}{2}k_1\gamma H\right|^2 + \left|-\frac{k_1-1}{2L_1}\eta\gamma HM\right|^2}$$

中间主应力 σ_2 发生在与 xOy 平面垂直的 z 轴方向上,利用平面问题在 z 方向上应变 $\varepsilon_2=0$ 的条件,由物理方程 $\varepsilon_2=[\sigma_2-\mu(\sigma_1+\sigma_3)]/E$,得:

$$\sigma_2 = \mu(\eta+1)k_1\gamma H$$

为方便后面推导,令:

$$\Omega_1 = (\eta+1)k_1\gamma H/2$$

$$\Omega_2 = \sqrt{\left|\frac{1-\eta}{2}k_1\gamma H\right|^2 + \left|-\frac{k_1-1}{2L_1}\eta\gamma HM\right|^2}$$

则主应力可另表达为:

$$\sigma_1 = \Omega_1 + \Omega_2, \quad \sigma_2 = 2\mu\Omega_1, \quad \sigma_3 = \Omega_1 - \Omega_2$$

由于膏岩类介质的屈服与体积应力有关,广义米塞斯准则考虑了体积应力的影响,所以,该准则适用于膏岩类介质,即:

$$\alpha I_1 = \sqrt{J_2} = k \tag{3-36}$$

式中,$I_1=\sigma_1+\sigma_2+\sigma_3$,为应力第一不变量,是体积应力的 3 倍;$J_2=[(\sigma_1-\sigma_2)^2 + (\sigma_2-\sigma_3)^2 + (\sigma_3-\sigma_1)^2]/6$,为第二应力偏量;$\alpha = \sin\varphi/\sqrt{3}\sqrt{3+\sin^2\varphi}$;$k = \sqrt{3}C\cos\varphi/\sqrt{3+\sin^2\varphi}$,$\varphi$、$C$ 分别为膏体的内摩擦角及黏聚力。

将上面求出的主应力 σ_1、σ_2、σ_3 代入 I_1 和 J_2 中,得:

$$I_1 = 2(1+\mu)\Omega_1$$

$$J_2 = \frac{1}{6}\left[(\Omega_1+\Omega_2-2\mu\Omega_1)^2 + (2\mu\Omega_1-\Omega_1+\Omega_2)^2 + 4\Omega_2^2\right]$$

将 I_1 和 J_2 及膏体屈服时泊松比 $\mu=1/2$ 代入式(3-36),经化简后,得:

$$L_1 = \frac{(k_1-1)\eta\gamma HM}{2\sqrt{[k+3\alpha(\eta+1)k_1\gamma H/2]^2 - [(1-\eta)k_1\gamma H/2]^2}} \tag{3-37}$$

同理,隔离矿柱中部靠巷道一侧弹性区的临界宽度 L_2 与上述过程相同,不再赘述,只需将式(3-37)中的应力集中系数 k_1 改为由巷道引起的应力集中系数 k_2,得:

$$L_2 = \frac{(k_2-1)\eta\gamma HM}{2\sqrt{[k+3\alpha(\eta+1)k_2\gamma H/2]^2 - [(1-\eta)k_2\gamma H/2]^2}} \tag{3-38}$$

将式(3-37)和式(3-38)代入式(3-23),得隔离矿柱中部弹性区的临界宽度:

$$L = \frac{(k_1-1)\eta\gamma HM}{2\sqrt{[k+3\alpha(\eta+1)k_1\gamma H/2]^2 - [(1-\eta)k_1\gamma H/2]^2}} +$$
$$\frac{(k_2-1)\eta\gamma HM}{2\sqrt{[k+3\alpha(\eta+1)k_2\gamma H/2]^2 - [(1-\eta)k_2\gamma H/2]^2}}$$

(3-39)

分析式(3-39)可以看出,在 L 的影响因素中,除膏体本身的物理力学性质及原岩应力(γH)以外,L 与膏体的厚度 M 成正比,M 越厚,L 越大。另外,应力集中系数(k_1、k_2)的大小对 L 有较大的影响:在一般地层条件下,当垮塌范围达到岩层充分采动的要求时,应力集中系数 k_1 一般为 $2.5\sim3$,由于隔离矿柱的作用,垮落未达到充分采动,应力集中系数要稍高一些,计算时取 4,巷道引起的应力集中系数 k_2 为 $2\sim3$。

(3)隔离矿柱中部弹性区的临界宽度计算

鲁能石膏矿矿柱垮塌时的平均有效下沉空间 $M=6.4$ m,西张庄村下可采膏层平均埋深 $H=160$ m,膏层的内摩擦角及黏聚力分别为 $\varphi=30°$,$C=3.35$ MPa,侧压系数 $\eta=0.4$,原岩应力 $\gamma H=6$ MPa,计算隔离矿柱中部弹性区的临界宽度 L。其中:$\alpha=\sin\varphi/\sqrt{3}\sqrt{3+\sin^2\varphi}=0.16$,$k=\sqrt{3}C\cos\varphi/\sqrt{3+\sin^2\varphi}=2.79$ MPa。应力集中系数取较大值,即 $k_1=k_2=3$。

将上述参数代入式(3-37)和式(3-38),得临界宽度 $L_1=L_2=1.17$ m。则隔离矿柱中部弹性区宽度 $L=L_1+L_2=2.34$ m。

(4)隔离矿柱宽度确定

根据上面的计算,可以得到隔离矿柱的宽度为:

$$B = x_0 + L + R = 2.09 + 2.34 + 2.09 = 6.52 \text{ (m)}$$

如果根据经验,矿柱中部的弹性区宽度 L 通常应大于或等于 2 倍的有效垮塌空间,则有:

$$B = x_0 + L + R = 2.09 + 6.4 \times 2 + 2.09 = 16.98 \text{ (m)}$$

根据上面的计算并考虑矿柱垮塌时的冲击作用,鲁能石膏矿西张庄村下开采时上(下)山两侧保护矿柱的宽度各取 $10\sim15$ m,则上(下)山两侧隔离保护矿柱宽度为 $20\sim30$ m,大于 16.98 m。

4 采空区稳定性分析

4.1 采空区矿房矿柱布置及主要参数

鲁能石膏矿地质构造简单,全矿共开采两个水平:−43 m 和−160 m 水平。−43 m 水平为一号井开采水平,−160 m 水平为二号井开采水平。两个开采水平均采用上下山开拓。

−43 m 水平开采 6 个采区,其中上山 2 个、下山 4 个,采区走向长 220～280 m,倾斜宽 255～350 m,每个采区布置 2 个生产采房。

−160 m 水平开采 4 个采区,其中上、下山各 2 个,走向长 600～700 m,倾斜宽 500～600 m,每个采区布置 3 个生产采房。

鲁能石膏矿每隔 100～120 m 布置一条区段平巷,区段平巷采用直墙半圆拱断面,净宽 3.6 m,净高 3.0 m,墙高 1.2 m,净断面积 9.41 m²,裸体支护。采房施工从回风上下山向轨道上下山方向依次为 1# 采房、2# 采房……2015 年以前采房长度为 50～70 m,矿房矿柱布置如图 3-1 所示;2015 年以后采用铲车装载,采房长度为 100～120 m,矿房矿柱布置如图 4-1 所示,采房设计净宽 4.0 m,净高 2.4～4.0 m,采房间矿柱宽 4.0 m。1# 采房与回风上下山间矿柱为 20 m,最外侧采房与轨道上下山间矿柱为 20 m;轨道大巷留有 20 m 保护矿柱;钻孔留有至少 25 m×20 m 的保护矿柱。根据石膏和围岩的物理力学指标,工作面采用房柱式开采,采房留设不少于 1.5 m 护顶膏和 1.0 m 护底膏,剩余高度即为采房高度。

很显然,图 4-1 所示矿房矿柱布置的稳定性较之图 3-1 更差些,所以关于采空区稳定性分析根据图 4-1 进行。

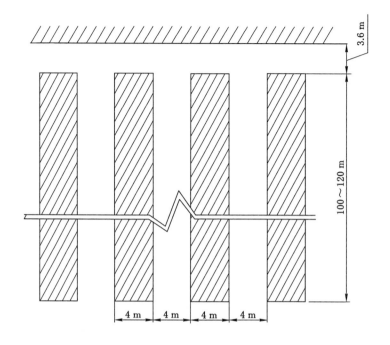

图 4-1　矿房矿柱布置

4.2　矿房受力稳定性分析

4.2.1　矿房顶板稳定性分析

4.2.1.1　护顶膏顶板为整层结构时的受力与稳定性分析

（1）分析方法的确定

根据矿房顶板的尺寸和结构,矿房的受力分析有固支梁和简支梁两种方法,由于用简支梁理论分析极限跨距比用固支梁理论要更安全一些,因此将矿房护顶膏层简化为简支梁。

上覆岩层简化为载荷 q,按简支梁极限跨距为:

$$l_s = 2h\sqrt{\frac{R_s}{3q}}$$

矿房顶板所需承受的载荷值 q 则采用关键层分析确定,具体方法见 3.1.3.1 章节。

（2）护顶膏载荷值 $(q_n)_m$ 的计算

① 上覆岩层结构

鲁能石膏矿采空区上覆岩层综合柱状描述如表4-1所示。

表4-1 鲁能石膏矿综合膏系柱状

序号	岩石名称	厚度/m	岩性描述
1	泥灰岩	10.3	灰色,薄层状,局部薄层泥岩
2	含膏泥页岩	6.2	浅灰色泥晶结构,石膏呈亮晶状、薄层状
3	泥岩	12.5	浅灰色,似层状,中部夹20 cm砂岩,产状较乱
4	泥灰岩	6.8	浅灰色,中薄层,局部为灰岩
5	粉砂质泥岩	4.5	浅灰-灰褐色,似层状,底部含砾
6	泥灰岩	16.2	浅灰色,中薄层,局部为灰岩
7	泥岩	5.8	深灰色,含粉砂,局部含泥灰岩
8	泥灰岩	6.2	浅灰-深灰色,局部夹泥岩、页岩
9	Ⅱ-1膏	4.5	白-灰白色,局部灰褐色,结晶质,块状,条带状,中薄层状
10	泥灰岩夹条带膏	1.7	灰白色,薄层状,间夹条带膏
11	Ⅱ-2膏	7.0	白-灰白色,局部灰褐色,结晶质,块状,条带状,中薄层状
12	钙质页岩	2.2	灰白色,薄层状
13	Ⅱ-3膏	5.2	白-灰白色,局部灰褐色,结晶质,块状,条带状,中薄层状
14	泥灰岩	1.5	浅灰-深灰色,局部夹泥岩、页岩
15	Ⅱ-4膏	6.5	白-灰白色,局部灰褐色,结晶质,块状,条带状,中薄层状
16	泥灰岩	3.8	浅灰-深灰色,局部夹泥岩、页岩
17	泥岩	3.0	浅灰色,似层状
18	Ⅲ-1膏	3.5	灰-白色,中粗晶质,质纯,部分为透明膏
19	泥灰岩	5.7	浅灰-深灰色,局部夹泥岩、页岩
20	Ⅲ-2膏	6.3	灰-白色,中粗晶质,质纯,部分为透明膏
21	泥灰岩	3.9	浅灰-深灰色,局部夹泥岩、页岩
22	Ⅲ-3膏	3.2	灰-白色,中粗晶质,质纯,部分为透明膏
23	泥灰岩	4.1	浅灰-深灰色,局部夹泥岩、页岩

② 上覆载荷 q 值计算

A. Ⅱ-2膏层。Ⅱ-2膏层护顶膏在上方不同层覆岩作用下的载荷值 q 如表4-2所示。

表4-2 II-2膏层护顶膏上覆载荷 q 值计算

序号	层位	岩性	厚度/m	重力密度/(kN/m³)	弹性模量/GPa	$(q_n)_m$/(kN/m²)
1	II-2护顶膏	石膏	1.5	23.1	5.730	$(q_1)_1=34.65$
2	II-2顶板(1)	泥灰岩夹条带膏	1.7	24.0	6.930	$(q_2)_1=27.33$ $(q_2)_2=40.80$
3	II-2顶板(2)	II-1膏	4.5	22.9	8.310	$(q_3)_1=6.19$ $(q_3)_3=103.05$
4	II-2顶板(3)	泥灰岩	6.2	25	12.106	$(q_4)_3=53.65$ $(q_4)_4=155.00$

B. II-3膏层。II-3膏层护顶膏在上方不同层覆岩作用下的载荷值 q 如表4-3所示。

表4-3 II-3膏层护顶膏上覆载荷 q 值计算

序号	层位	岩性	厚度/m	重力密度/(kN/m³)	弹性模量/GPa	$(q_n)_m$/(kN/m²)
1	II-3护顶膏	石膏	1.5	22.6	12.600	$(q_1)_1=33.90$
2	II-3顶板(1)	钙质页岩	2.2	24.0	2.265	$(q_2)_1=55.32$
3	II-2护底膏	石膏	1.0	23.1	5.730	$(q_3)_1=64.52$

C. II-4膏层。II-4膏层护顶膏在上方不同层覆岩作用下的载荷值 q 如表4-4所示。

表4-4 II-4膏层护顶膏上覆载荷 q 值计算

序号	层位	岩性	厚度/m	重力密度/(kN/m³)	弹性模量/GPa	$(q_n)_m$/(kN/m²)
1	II-4护顶膏	石膏	1.5	23.1	9.200	$(q_1)_1=34.65$
2	II-4顶板(1)	泥灰岩	1.5	25.0	12.106	$(q_2)_1=31.15$ $(q_2)_2=37.50$
3	II-3护底膏	石膏	1.0	22.6	12.600	$(q_3)_2=45.93$

D. III-2膏层。III-2膏层护顶膏在上方不同层覆岩作用下的载荷值 q 如表4-5所示。

表 4-5　Ⅲ-2 膏层护顶膏上覆载荷 q 值计算

序号	层位	岩性	厚度/m	重力密度/(kN/m³)	弹性模量/GPa	$(q_n)_m$/(kN/m²)
1	Ⅲ-2 护顶膏	石膏	1.5	22.8	5.700	$(q_1)_1=34.20$
2	Ⅲ-2 顶板(1)	泥灰岩	5.7	25.0	12.106	$(q_2)_1=1.50$ $(q_2)_2=142.50$
3	Ⅲ-2 顶板(2)	Ⅲ-1 膏	3.5	22.9	8.310	$(q_3)_2=192.12$
4	Ⅲ-2 顶板(3)	泥岩	3.0	25.0	5.320	$(q_4)_2=243.38$
5	Ⅲ-2 顶板(4)	泥灰岩	3.8	25.0	12.106	$(q_5)_2=184.86$ $(q_5)_3=95.00$
6	Ⅱ-4 护底膏	石膏	1.0	23.1	9.200	$(q_6)_3=116.49$

（3）关键层分析及矿房载荷值 q 的确定

上覆岩层关键层位置的判别方法见 3.1.3.3 章节中相关内容。

① Ⅱ-2 膏层。Ⅱ-2 膏层护顶膏顶板受上覆岩层载荷的计算如表 4-2 所示。

根据表 4-2 的计算结果，由式(3-9)判别 Ⅱ-2 膏层矿房顶板中的硬岩层如表 4-6 所示。

Ⅱ-2 膏矿房顶板中硬岩层的破断距根据式(3-7)进行计算，结果见表 4-6。

根据表 4-2 和表 4-6 的计算结果，运用上述判别方法，按照式(3-9)及式(3-10)的判别原则，逐层判别确定出 Ⅱ-2 护顶膏、Ⅱ-2 顶板(2)和 Ⅱ-2 顶板(3)均为关键层。

表 4-6　Ⅱ-2 膏矿房顶板硬岩层主要参数指标

Ⅱ-2 膏顶板硬岩层				l_j/m
岩性	层位	厚度/m	抗拉强度/MPa	载荷/(kN/m²)
石膏	Ⅱ-2 护顶膏	1.5	2.970	34.65	$l_1=16.04$
石膏	Ⅱ-2 顶板(2)	4.5	2.500	103.05	$l_2=25.59$
泥灰岩	Ⅱ-2 顶板(3)	6.2	4.542	155.00	$l_3=38.75$

因此，对于 Ⅱ-2 膏矿房来说，由于上覆岩层中关键层的存在，矿房需承受的载荷仅为 34.65 kN/m²。

② Ⅱ-3 膏层。Ⅱ-3 膏层护顶膏顶板受上覆岩层载荷的计算如表 4-3 所示。

根据表 4-3 的计算结果，由式(3-9)判别 Ⅱ-3 膏矿房顶板中的硬岩层如表 4-7 所示。

Ⅱ-3 膏矿房顶板中硬岩层的破断距根据式（3-7）进行计算，结果如表 4-7 所示。

表 4-7　Ⅱ-3 膏矿房顶板硬岩层主要参数指标

Ⅱ-3 膏顶板硬岩层					l_j/m
岩性	层位	厚度/m	抗拉强度/MPa	载荷 /(kN/m²)	
石膏	Ⅱ-3 护顶膏	1.5	1.98	64.52	$l_1 = 9.60$

根据表 4-3 和表 4-7 的计算结果，运用上述判别方法，按照式（3-9）和式（3-10）原则，可以确定Ⅱ-3 关键层为Ⅱ-3 护顶膏，它承担从Ⅱ-3 矿房顶板至Ⅱ-2 矿房底板之间全部岩层重量，其载荷为 64.52 kN/m²。

③ Ⅱ-4 膏层。Ⅱ-4 膏层护顶膏顶板受上覆岩层载荷的计算如表 4-4 所示。

根据表 4-4 的计算结果，由式（3-9）判别Ⅱ-2 膏矿房顶板中的硬岩层如表 4-8 所示。

Ⅱ-4 膏矿房顶板中硬岩层的破断距根据式（3-7）进行计算，结果见表 4-8。

表 4-8　Ⅱ-4 膏矿房顶板硬岩层主要参数指标

Ⅱ-4 膏顶板硬岩层					l_j/m
岩性	层位	厚度/m	抗拉强度/MPa	载荷 /(kN/m²)	
石膏	Ⅱ-4 护顶膏	1.5	2.430	34.65	$l_1 = 14.50$
泥灰岩	Ⅱ-4 顶板(1)	1.5	4.542	45.93	$l_2 = 17.18$

根据表 4-4 和表 4-8 的计算结果，运用上述判别方法，按照式（3-9）和式（3-10）原则，逐层判别确定出Ⅱ-4 护顶膏、Ⅱ-4 顶板(1)均为关键层。

因此，对于Ⅱ-4 膏矿房来说，由于上覆岩层中关键层的存在，矿房需承受的载荷仅为 34.65 kN/m²。

④ Ⅲ-2 膏层。Ⅲ-2 膏层护顶膏顶板受上覆岩层载荷的计算如表 4-5 所示。

根据表 4-5 的计算结果，由式（3-9）判别Ⅲ-2 膏矿房顶板中的硬岩层如表 4-9 所示。

Ⅲ-2 膏矿房顶板中硬岩层的破断距根据式（3-7）进行计算，结果见表 4-9。

根据表 4-5、表 4-9 的计算结果，运用上述判别方法，按式（3-9）和式（3-10）原则，逐层判别确定出关键层为Ⅲ-2 护顶膏和Ⅲ-2 顶板(1)。

因此,对于Ⅲ-2膏矿房来说,由于上覆岩层中关键层的存在,矿房需承受的载荷仅为34.20 kN/m²。

表4-9　Ⅲ-2膏矿房顶板硬岩层主要参数指标

岩性	层位	厚度/m	抗拉强度/MPa	载荷/(kN/m²)	l_j/m
石膏	Ⅲ-2护顶膏	1.5	2.620	34.20	$l_1=15.16$
泥灰岩	Ⅲ-2顶板(1)	5.7	4.542	243.38	$l_2=28.43$
泥灰岩	Ⅲ-2顶板(4)	3.8	4.542	116.49	$l_3=27.40$

（4）矿房极限跨距计算及稳定性结论

根据上面的计算分析结果,确知开采膏层矿房上方均存在关键层,各层护顶膏只承担关键层下方岩层的重量,护顶膏厚度按1.5 m计算,代入各层护顶膏载荷值到式(3-7)中,得到护顶膏极限跨距如表4-10所示。

表4-10　矿房极限跨距的计算表

膏层	Ⅱ-2	Ⅱ-3	Ⅱ-4	Ⅲ-2
极限跨距 l/m	16.04	9.60	14.50	15.16

由于开采膏层上方存在关键层,关键层之间产生复合效应,使得护顶膏的极限跨距增加,根据上面的计算结果,并考虑到石膏强度的不均匀性及分层结构对整体强度的影响,结合本矿区实际经验和施工安全,各矿房重叠布置时,矿房实际宽度取4 m有较大的安全系数,是稳定可靠的。

4.2.1.2　护顶膏顶板为分层结构时的稳定性分析

在前面分析矿房稳定性时,1.5 m的护顶膏是作为一个整层来考虑的,实际上,石膏本身的层理很发育,分层厚度也不均匀,大多在10～40 cm,但也有一部分分层低于10 cm,但超过40 cm的分层则比较少。

在留护顶膏时,通常选取分层厚度比较大的分层作为矿房的最下位直接顶板,根据"3.1.3.5　护顶膏分层厚度对矿房宽度的影响"章节中分析可知:当开采膏层护顶膏底分层厚度不小于30 cm时,矿房顶板是稳定的。为了避免膏层条件发生变化而导致出现安全隐患,要求护顶膏底分层厚度低于35 cm时进行必要的支护措施。由于在护顶膏的底分层厚度达到一定的要求时才能保证矿房的稳定性,如果底分层的厚度达不到要求,则需要在顶板打锚杆加强支护,锚杆的作用相当于把各分层组合起来形成整体梁,锚杆支护方案见"3.2 开采过程中施工安全保障"章节中相关内容。

4.2.2 矿房底板受力稳定性分析

矿房底板承担矿柱施加的载荷,可以用半平面体在边界受到分布力的作用来分析,如图 4-2 所示。根据弹性力学理论,底板中 M 点受力有下列公式成立:

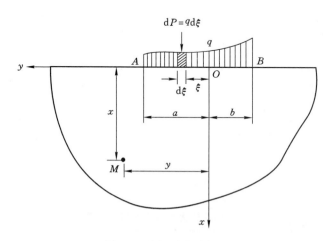

图 4-2 底板受力分析图

$$\sigma_z = -\frac{q}{\pi}\left[\arctan\frac{x+b'}{z} - \arctan\frac{x-b'}{z} + \frac{z(x+b')}{z^2+(x+b')^2} - \frac{z(x-b')}{z^2+(x-b')^2}\right]$$

$$(4-1)$$

$$\sigma_x = -\frac{q}{\pi}\left[\arctan\frac{x+b'}{z} - \arctan\frac{x-b'}{z} - \frac{z(x+b')}{z^2+(x+b')^2} + \frac{z(x-b')}{z^2+(x-b')^2}\right]$$

$$(4-2)$$

$$\tau_{zx} = -\frac{q}{\pi}\left[\frac{z^2}{z^2+(x+b')^2} - \frac{z^2}{z^2+(x-b')^2}\right] \qquad (4-3)$$

上面公式中,q 为矿柱上的载荷,b' 为矿柱宽度的 1/2。把不同距离的 x 和 z 代入,即可得到底板中的应力分布。

4.2.2.1 矿柱上载荷 q 的计算

矿柱载荷一般采用辅助面积法计算,如图 4-3 所示,在这里取矿房的宽度相等。根据图 4-3 可以计算各开采膏层矿柱上的载荷。

(1) Ⅱ-2 膏层:

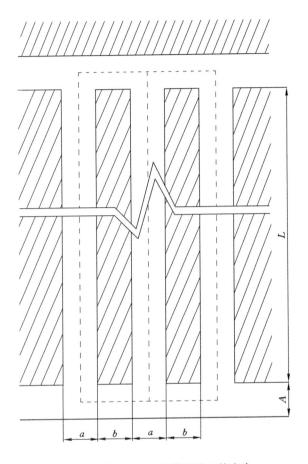

图 4-3 辅助面积法计算矿柱上的应力

$$q_{\text{II-2}} = \frac{\gamma H (a+b)(L+A)}{bL} + \gamma M_{\text{II-2}} \qquad (4\text{-}4)$$

式中，$q_{\text{II-2}}$ 为 II-2 膏层矿柱上的应力，MPa；γ 为上覆岩层平均重力密度，kN/m³；H 为 II-2 膏层埋深，m；a 为矿房宽度，m；b 为矿柱宽度，m；L 为矿柱长度，m；A 为区段平巷宽度，m；$M_{\text{II-2}}$ 为 II-2 膏层开采厚度，m，此处取 4 m。

取平均重力密度 γ 为 24 kN/m³。II-2 膏层在鲁能石膏矿一号井埋深为 106～216 m，开采最小深度为 100 m，最大深度为 202 m；在二号井埋深为 186～306 m，开采最小深度为 186 m，最大深度为 284 m。矿柱长度 L 取 100～120 m。式(4-4)参数取值及计算结果如表 4-11 所示。

表 4-11　Ⅱ-2 膏层矿柱应力计算参数取值及结果

矿井	$\gamma/(\mathrm{kN/m^3})$	a/m	b/m	A/m	$M_{\text{Ⅱ-2}}/\mathrm{m}$	H/m	L/m	$q_{\text{Ⅱ-2}}/\mathrm{MPa}$
一号井	24	4	4	3	4	106	100	4.59
						106	120	4.74
						202	100	8.66
						202	120	8.94
二号井	24	4	4	3	4	186	100	7.98
						186	120	8.24
						284	100	12.14
						284	120	12.54

（2）Ⅱ-3、Ⅱ-4 和Ⅲ-2 膏层：

$$q_{\text{Ⅱ-3}} = q_{\text{Ⅱ-2}} + \frac{\gamma M_{\text{Ⅱ-3}}^{\text{Ⅱ-2}}(a+b)(L+A)}{bL} + \gamma M_{\text{Ⅱ-3}} \quad (4-5)$$

$$q_{\text{Ⅱ-4}} = q_{\text{Ⅱ-3}} + \frac{\gamma M_{\text{Ⅱ-4}}^{\text{Ⅱ-3}}(a+b)(L+A)}{bL} + \gamma M_{\text{Ⅱ-4}} \quad (4-6)$$

$$q_{\text{Ⅲ-2}} = q_{\text{Ⅱ-4}} + \frac{\gamma M_{\text{Ⅲ-2}}^{\text{Ⅱ-4}}(a+b)(L+A)}{bL} + \gamma M_{\text{Ⅲ-2}} \quad (4-7)$$

式中，$q_{\text{Ⅱ-3}}$ 为Ⅱ-3 膏层矿柱上的应力，MPa；$q_{\text{Ⅱ-4}}$ 为Ⅱ-4 膏层矿柱上的应力，MPa；$q_{\text{Ⅲ-2}}$ 为Ⅲ-2 膏层矿柱上的应力，MPa；$M_{\text{Ⅱ-3}}$ 为Ⅱ-3 膏层厚度，m；$M_{\text{Ⅱ-4}}$ 为Ⅱ-4膏层厚度，m；$M_{\text{Ⅲ-2}}$ 为Ⅲ-2 膏层厚度，m；$M_{\text{Ⅱ-3}}^{\text{Ⅱ-2}}$ 为Ⅱ-2 和Ⅱ-3 膏层间的距离，m，包括Ⅱ-2 膏层底膏和Ⅱ-3 膏层顶膏；$M_{\text{Ⅱ-4}}^{\text{Ⅱ-3}}$ 为Ⅱ-3 和Ⅱ-4 膏层间的距离，包括Ⅱ-3 膏层底膏和Ⅱ-4 膏层顶膏，m；$M_{\text{Ⅲ-2}}^{\text{Ⅱ-4}}$ 为Ⅱ-4 和Ⅲ-2 膏层间的距离，包括Ⅱ-4 膏层底膏和Ⅲ-2 膏层顶膏，m。

参数 a、b、A 取值同表 4-11，其他参数取值如表 4-12 所示，计算结果如表 4-12 所示。

表 4-12　Ⅱ-3、Ⅱ-4 和Ⅲ-2 膏层矿柱应力计算参数取值及结果

矿井	H/m	L/m	$M_{\text{Ⅱ-3}}$、$M_{\text{Ⅱ-4}}$、$M_{\text{Ⅲ-2}}$/m	$M_{\text{Ⅱ-3}}^{\text{Ⅱ-2}}/\mathrm{m}$	$M_{\text{Ⅱ-4}}^{\text{Ⅱ-3}}/\mathrm{m}$	$M_{\text{Ⅲ-2}}^{\text{Ⅱ-4}}/\mathrm{m}$	$q_{\text{Ⅱ-3}}/\mathrm{MPa}$	$q_{\text{Ⅱ-4}}/\mathrm{MPa}$	$q_{\text{Ⅲ-2}}/\mathrm{MPa}$
一号井	106	100	4	6.13	3.89	9.06	4.95	5.21	5.67
	106	120	4	6.13	3.89	9.06	5.09	5.37	5.85
	202	100	4	6.13	3.89	9.06	9.02	9.28	9.75
	202	120	4	6.13	3.89	9.06	9.30	9.57	10.05

表 4-12(续)

矿井	H/m	L/m	$M_{II\text{-}3}$、$M_{II\text{-}4}$、$M_{III\text{-}2}$/m	$M_{II\text{-}3}^{II\text{-}2}$/m	$M_{II\text{-}4}^{II\text{-}3}$/m	$M_{II\text{-}2}^{II\text{-}4}$/m	$q_{II\text{-}3}$/MPa	$q_{II\text{-}4}$/MPa	$q_{II\text{-}2}$/MPa
二号井	186	100	4	6.13	3.89	9.06	8.34	8.60	9.07
	186	120	4	6.13	3.89	9.06	8.60	8.87	9.35
	284	100	4	6.13	3.89	9.06	12.49	12.75	13.22
	284	120	4	6.13	3.89	9.06	12.89	13.17	13.65

4.2.2.2 应力分布计算

底板应力分布计算时矿柱载荷 q 取表 4-11 和表 4-12 中计算结果的最大值。

把其他相关参数代入式(4-1)～式(4-3)即可得到底板中 1 m 护底膏层中的应力分布,如表 4-13～表 4-15 所示。

表 4-13 矿柱底板护底膏层中的垂直应力 σ_z 分布 单位:MPa

坐标 z/m	$\sigma_{z\,II\text{-}2}$			$\sigma_{z\,II\text{-}3}$			$\sigma_{z\,II\text{-}4}$			$\sigma_{z\,III\text{-}2}$		
	坐标 x/m											
	0	2	4	0	2	4	0	2	4	0	2	4
0	12.54	6.27	0	12.89	6.45	0	13.17	6.59	0	13.65	6.83	0
0.5	12.46	6.27	0.04	12.81	6.44	0.04	13.10	6.58	0.04	13.57	6.82	0.04
1	12.03	6.23	0.24	12.34	6.41	0.25	12.64	6.54	0.25	13.10	6.78	0.26

表 4-14 矿柱底板护底膏层中的水平应力 σ_x 分布 单位:MPa

坐标 z/m	$\sigma_{x\,II\text{-}2}$			$\sigma_{x\,II\text{-}3}$			$\sigma_{x\,II\text{-}4}$			$\sigma_{x\,III\text{-}2}$		
	坐标 x/m											
	0	2	4	0	2	4	0	2	4	0	2	4
0	12.54	6.27	0	12.89	6.445	0	13.170	6.585	0	13.650	6.825	0
0.5	8.71	5.28	1.26	8.95	5.430	1.290	9.143	5.548	1.318	9.476	5.750	1.366
1.0	5.65	4.35	2.14	5.80	4.474	2.201	5.929	4.572	2.248	6.145	4.738	2.330

表 4-15 矿柱底板护底膏层中的剪切应力 τ_{zx} 分布 单位：MPa

坐标 z/m	τ_{zx}Ⅱ-2			τ_{zx}Ⅱ-3			τ_{zx}Ⅱ-4			τ_{zx}Ⅲ-2		
	坐标 x/m											
	0	2	4	0	2	4	0	2	4	0	2	4
0	0	0	0	0	0	0	0	0	0	0	0	0
0.5	0	3.93	0.207	0	4.04	0.213	0	4.128	0.218	0	4.278	0.23
1.0	0	3.77	0.690	0	3.86	0.710	0	3.946	0.725	0	4.089	0.75

4.2.2.3 底板强度验算

对于岩石、混凝土等材料，通常用莫尔强度理论验算强度，验算公式为：

$$\sigma_j = \sigma_1 - \frac{[\sigma_1]}{\sigma_y}\sigma_3 \leqslant [\sigma_y] \tag{4-8}$$

式中，σ_1 为最大主应力，MPa；σ_3 为最小主应力，MPa；$[\sigma_y]$ 为许用抗压强度，MPa（根据试验报告：钻孔与矿柱呈斜向上 45° 角，岩层倾角 5°～11° 近水平，岩芯轴向方向恰好与岩石层理呈近 45° 角，试样抗压破裂面与试样层理面基本重合，致使岩样抗压强度明显降低，本次岩石取样问题致使岩石抗压强度折减率为 50% 左右，因此，许用抗压强度取试验抗压强度值）；$[\sigma_1]$ 为许用抗拉强度，考虑到岩体的完整性，取石膏单向抗拉强度的 60%，MPa；σ_j 为莫尔强度值，MPa。

当 σ_j 值为正，即为压缩状态时，$[\sigma_j] \leqslant [\sigma_y]$；当 σ_j 值为负，即为拉伸状态时，$[\sigma_j] \leqslant [\sigma_1]$。

根据各对应点的应力状态，可以求出相应的主应力为：

$$\left.\begin{array}{c}\sigma_1\\\sigma_3\end{array}\right\} = \frac{\sigma_z + \sigma_x}{2} \pm \sqrt{\left(\frac{\sigma_z - \sigma_x}{2}\right)^2 + \tau_{zx}^{\ 2}} \tag{4-9}$$

计算结果见表 4-16～表 4-19。

表 4-16 Ⅱ-2 护底膏层中的主应力分布

坐标 z/m	σ_1/MPa					σ_3/MPa				
	坐标 x/m									
	0	2	4	6	8	0	2	4	6	8
0	12.540	6.270	0	0	0	12.540	2.340	−0.207	−0.046	−0.018
0.5	13.241	9.765	1.532	0.594	0.319	7.928	1.953	−0.458	−0.137	−0.065
1.0	13.355	9.277	2.701	1.138	0.624	4.323	3.964	−0.151	−0.152	−0.095

表 4-17　Ⅱ-3 护底膏层中的主应力分布

坐标 z/m	σ_1/MPa					σ_3/MPa				
	坐标 x/m									
	0	2	4	6	8	0	2	4	6	8
0	12.890	6.445	0	0	0	12.890	2.405	−0.213	−0.047	−0.018
0.5	13.610	10.037	1.574	0.610	0.328	8.149	2.008	−0.470	−0.141	−0.067
1.0	13.727	9.536	2.777	1.170	0.642	4.443	4.075	−0.155	−0.156	−0.098

表 4-18　Ⅱ-4 护底膏层中的主应力分布

坐标 z/m	σ_1/MPa					σ_3/MPa				
	坐标 x/m									
	0	2	4	6	8	0	2	4	6	8
0	13.170	6.585	0	0	0	13.170	2.457	−0.218	−0.048	−0.018
0.5	13.906	10.255	1.609	0.623	0.335	8.326	2.051	−0.481	−0.144	−0.069
1.0	14.026	9.743	2.837	1.195	0.656	4.540	4.163	−0.159	−0.160	−0.100

表 4-19　Ⅲ-2 护底膏层中的主应力分布

坐标 z/m	σ_1/MPa					σ_3/MPa				
	坐标 x/m									
	0	2	4	6	8	0	2	4	6	8
0	13.650	6.825	0	0	0	13.650	2.547	−0.226	−0.050	−0.019
0.5	14.413	10.629	1.667	0.646	0.347	8.630	2.126	−0.498	−0.150	−0.071
1.0	14.537	10.098	2.940	1.239	0.680	4.705	4.315	−0.164	−0.165	−0.104

根据表 2-2 各膏层力学性质参数,则 σ_j 的计算结果如表 4-20～表 4-21 所示。

表 4-20　莫尔强度 σ_j 的计算结果

坐标 z/m	$\sigma_{j\,Ⅱ\text{-}2}$/MPa					$\sigma_{j\,Ⅱ\text{-}3}$/MPa				
	坐标 x/m									
	0	2	4	6	8	0	2	4	6	8
0	11.486	6.015	0.023	0.005	0.002	11.154	6.121	0.024	0.005	0.002
0.5	12.377	9.546	1.583	0.609	0.326	12.513	9.812	1.627	0.626	0.335
1.0	12.884	8.832	2.718	1.155	0.635	13.129	9.079	2.794	1.188	0.653

表 4-21 莫尔强度 σ_j 的计算结果

坐标	$\sigma_{j\,\text{II}-4}$/MPa					$\sigma_{j\,\text{III}-2}$/MPa				
z/m	坐标 x/m									
	0	2	4	6	8	0	2	4	6	8
0	12.025	6.420	0.024	0.005	0.002	11.140	6.479	0.025	0.006	0.002
0.5	13.348	10.025	1.663	0.640	0.343	13.241	10.391	1.723	0.663	0.355
1.0	13.721	9.276	2.855	1.213	0.667	13.898	9.614	2.959	1.258	0.691

从表 4-20 和表 4-21 可以看出，莫尔强度 σ_j 的计算结果为压缩状态，并且所有结果均满足 $\sigma_j \leqslant [\sigma_y]$。实际上矿柱下方的膏体中压力虽然大，但其受力状态为三向，实际承载强度要高得多，所以，1.0 m 的护底膏层是合适的。

4.3 矿柱受力稳定性分析

2015 年 12 月开始，鲁能石膏矿改变传统的耙斗装运矿石的方式，采用铲车装运矿石，提高了劳动效率，减轻了工人劳动强度。装运方式的不同使得采空区矿柱的长度减小，因此评价矿柱稳定性时，分别对 2015 年以前耙斗装运方式和 2015 年以后铲车装运方式产生的采空区矿柱进行评价。

4.3.1 耙斗装运方式开采采空区矿柱稳定性分析

根据辅助面积法，耙斗装运方式下各膏层矿柱承受的载荷如下。

（1）II-2 膏层：

$$q_{\text{II}-2} = \frac{\gamma H (a+b)(L+A)}{bL} \tag{4-10}$$

（2）II-3 膏层：

$$q_{\text{II}-3} = \gamma (H + M_{\text{II}-3}^{\text{II}-2}) \frac{(a+b)(L+A)}{bL} + \gamma M_{\text{II}-2} \tag{4-11}$$

（3）II-4 膏层：

$$q_{\text{II}-4} = \gamma (H + M_{\text{II}-3}^{\text{II}-2} + M_{\text{II}-4}^{\text{II}-3}) \frac{(a+b)(L+A)}{bL} + \gamma (M_{\text{II}-2} + M_{\text{II}-3}) \tag{4-12}$$

（4）III-2 膏层：

$$q_{\text{III}-2} = \gamma (H + M_{\text{II}-3}^{\text{II}-2} + M_{\text{II}-4}^{\text{II}-3} + M_{\text{III}-2}^{\text{II}-4}) \frac{(a+b)(L+A)}{bL} + \gamma (M_{\text{II}-2} + M_{\text{II}-3} + M_{\text{II}-4}) \tag{4-13}$$

式中符号意义同前。

式中的参数取值如表 4-22 所示,计算结果如表 4-23 所示。

表 4-22　矿柱载荷计算参数表

矿井	γ /(kN/m^3)	a /m	b /m	A /m	$H_{\text{II-2}}$ /m	L /m	$M_{\text{II-2}}$、$M_{\text{II-3}}$、$M_{\text{II-4}}$ /m	$M_{\text{II-3}}^{\text{II-2}}$ /m	$M_{\text{II-4}}^{\text{II-3}}$ /m	$M_{\text{III-2}}^{\text{II-4}}$ /m
一号井	24	4	4	3	202	70	4	4.7	4.0	18.5
二号井	24	4	4	3	284	70	4	4.7	4.0	18.5

表 4-23　矿柱载荷计算结果表

矿井	$q_{\text{II-2}}$/MPa	$q_{\text{II-3}}$/MPa	$q_{\text{II-4}}$/MPa	$q_{\text{III-2}}$/MPa
一号井	8.85	9.15	9.42	10.33
二号井	12.44	12.74	13.01	13.92

4.3.2　铲车装运穿采采空区矿柱稳定性分析

由于重叠布置,各膏层之间矿房矿柱布置形式、参数尺寸基本一致,因此以目前主采的 II-4 膏层为例,分析铲车装运穿采采空区矿柱的稳定性。

为了便于铲车行走,II-4 膏层有 4 个区段在开采时布置了铲车行走道,铲车行车道切穿了原矿柱,使得矿柱的长度由原来的 50～70 m 缩短为 16 m,如图 4-4 所示。此类布置的区段有一号井的 2401、3403 和二号井的 2404、2406。

穿采区段矿柱最大受力计算结果如表 4-24 所示。

图 4-4　II-4 膏层穿采区段布置

表 4-24　矿柱载荷计算参数与结果表

$\gamma/(kN/m^3)$	a/m	b/m	A/m	$H_{\text{II-4}}/m$	L/m	$q_{\text{II-4}}/MPa$
24	4	4	3	225	16	8.40

如表 4-24 所示,穿采区段矿柱也是稳定的,但穿采后矿柱连续性降低,对矿柱稳定性有一定影响,尤其 II-3 膏层石膏强度较低,应引起重视,建议参照汶阳矿改进铲车道布置。

4.4　采空区矿房矿柱现状特征分析

通过对 180 个采空区现状调查和资料分析,结合采矿设计方案,对各采空区矿房尺寸、矿柱尺寸、护顶膏厚度、护底膏厚度、上下矿柱重叠性、积水情况等进行全面分析对比,总结如下。

(1)采空区整体特征分析见表 4-25。

表 4-25　采空区整体特征表

采空区整体特征分析	矿房、矿柱尺寸	经对采空区调查和查阅资料,大多数矿房跨度不超过 4 m,采高大多数低于 4 m,矿柱宽度不少于 4 m,上下山隔离矿柱 6 m,大巷、回风巷矿柱为 20 m,边界矿柱为 25 m
	采空区连通情况	采空区通过运输巷连通,无破坏情况
	最大连续采空区情况	目前 II-2 层和 II-4 层除扩建区域外基本开采完毕,II-2 层和 II-4 层为最大范围连续的采空区,其中 II-2 层采空区面积达 311 714 m²,II-4 层采空区面积达 217 729 m²
	采空区护顶膏情况	采空区护顶膏基本上不少于 1.5 m,少数采房因开采过程中岩层倾角问题少于 1.5 m
	顶板完整情况及冒顶情况	大多数矿房顶板完整,无冒顶,少数矿房因为近断层板尖区膏层变薄或留设护顶膏不足发生局部冒顶现象
	采空区护底膏情况	采空区矿房底板护底膏基本上不少于 1.0 m
	底板完整情况及鼓底情况	采空区矿房底板整体较完整,无底板破坏,少数存在出水点
	采空区积水情况	采空区内曾发生过 7 处采空区出水,但采空区有组织排水,无积水
	采空区上下重叠情况	通过对采空区矿柱上下层之间重叠性复测校验,上下层矿柱对齐误差在允许范围之内
	采空区埋藏深度	经过统计,采空区埋深范围为 −9.25～−195.6 m
	分析结论	采空区上下层矿房矿柱重叠对齐误差在允许范围内,矿房、矿柱尺寸和护顶膏、护底膏留设厚度符合设计,矿柱连续完整,无破坏,存在少数采空区矿房局部冒顶和底板出水

（2）采空区矿柱特征分析见表4-26。

表4-26　采空区矿柱特征表

采空区矿柱情况	采房矿柱形状	矩形
	采房矿柱尺寸	一般采房矿柱宽不小于4 m,高不大于4 m
	矿柱与采空区面积比例	1.45:1
	矿柱完整连续情况	大多数矿柱较完整连续,仅Ⅱ-4层2401、2404采空区因开采时硫化氢较严重增设回风巷,致使矿柱不连续
	矿柱破坏情况	矿柱大多数无破坏,少数矿柱因为页岩、泥灰岩、泥岩等薄层互层产出,这些软弱层开采暴露后易风化、吸水造成矿柱强度降低,出现局部矿柱片帮现象
隔离矿柱情况	盘区隔离矿柱完好情况	盘区隔离矿柱无破坏
	井田隔离矿柱完好情况	矿井四周留设一般不低于25 m井田隔离矿柱,矿柱完好无破坏。由于矿区南部上部总回风巷掘进过程探水发现断层HF$_6$,后停止掘进回风巷,并在后期开采留设不小于25 m隔离矿柱
保护矿柱情况	井筒保护矿柱情况	无破坏,完好
	主要大巷保护矿柱情况	主要运输大巷及回风巷留设保护矿柱20 m
	上下山保护矿柱留设情况	与轨道上下山之间留设保护矿柱宽度6 m
	钻孔保护矿柱留设情况	钻孔周围保护矿柱为20 m
分析结论		实际留设矿柱基本与开采设计相符,大多数矿柱完整连续,无破坏;存在少数采空区矿柱不连续和片帮现象

综上两表分析,鲁能石膏矿基本严格按照设计开采,已经开采的180个采空区实际开采情况与开采设计方案基本相符,采空区存在少数相对薄弱区且发生冒顶、片帮、底板出水等现象。

综上分析,已形成的采空区整体稳定,采空区存在少数相对薄弱区,对相对薄弱区已采取工程措施治理完毕。

5 Ⅱ、Ⅲ膏层开采的三维数值模拟分析

5.1 数值模型的建立

根据鲁能石膏矿的地质条件及矿房矿柱的布置形式和参数,确定模拟模型的尺寸为长 104 m、宽 100 m、高 93 m。其中,沿 z 轴正方向分别为:下伏泥岩 10 m,Ⅲ-2 膏底板泥灰岩 3.9 m,Ⅲ-2 膏 6.3 m,Ⅲ-2 膏顶板泥灰岩 5.7 m,Ⅲ-1 膏 3.5 m,Ⅲ-1 膏顶板泥岩 3.0 m,泥灰岩 3.8 m,Ⅱ-4 膏 6.5 m,Ⅱ-4 膏与Ⅱ-3 膏夹层泥灰岩 1.5 m,Ⅱ-3 膏 5.2 m,Ⅱ-3 膏与Ⅱ-2 膏夹层钙质页岩 2.2 m,Ⅱ-2 膏 7.0 m,Ⅱ-2 膏与Ⅱ-1 膏夹层页岩 1.7 m,Ⅱ-1 膏 4.5 m,Ⅱ-1 膏顶板泥灰岩 6.2 m,泥岩 5.8 m,泥灰岩 16.2 m。所建模型如图 5-1 所示。

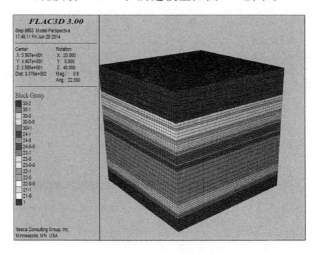

图 5-1 FLAC3D 数值模拟差分模型的建立

模拟最大深度为 280 m,模型高度 93 m;模拟Ⅲ-2 膏层平均采高 3.8 m,Ⅱ-4 膏层平均采高 4.0 m,Ⅱ-3 膏层平均采高 2.7 m,Ⅱ-2 膏层平均采高 4.5 m,岩层的重力通过载荷的方式施加在模型 $z=85$ m 平面上。

选用摩尔-库仑本构模型,模型的材料参数见表 5-1。

表 5-1　数值模型材料参数

材料参数	体积模量/GPa	剪切模量/GPa	密度/(kg/m³)	黏聚力/MPa	抗拉强度/MPa	内摩擦角/(°)
Ⅱ-2 膏	5.90	5.50	2 310	1.41	2.97	31.38
Ⅱ-3 膏	12.70	12.60	2 260	2.20	1.98	27.75
Ⅱ-4 膏	5.80	7.30	2 310	1.60	2.43	28.70
Ⅲ-2 膏	7.40	5.70	2 280	1.15	2.62	31.60
页岩	2.27	2.14	2 620	2.10	1.73	37.20
泥岩	5.32	6.35	2 650	3.30	3.03	41.90
泥灰岩	12.11	10.92	2 630	5.38	4.54	43.20

5.2　生成初始地应力和回采巷道开挖

根据模拟开采深度以及上覆岩层情况,对模型 $z=85$ m 平面上所有节点施加了 4.488 MPa 的垂直应力,模拟 187 m 上覆岩层和沉积层的重力。通过求解,可模拟开挖前的初始地应力场,见图 5-2 和图 5-3。

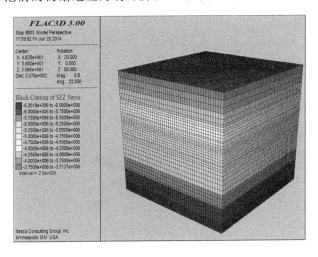

图 5-2　初始地应力场

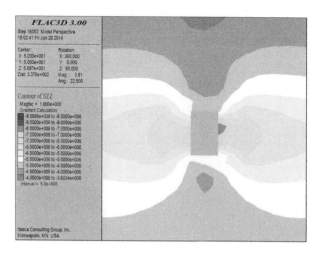

图 5-3　回采巷道开掘与应力场计算

5.3　模拟方案及步骤

多膏层房柱式开采最重要的问题主要有两个方面,一是开采后矿房矿柱的稳定性,二是一个膏层的开采对相邻膏层的影响。鲁能石膏矿目前同时回采 4 个膏层,开采顺序为先采上层再采下层。

首先对Ⅱ-2膏层进行开挖(图 5-4、图 5-5),布置Ⅱ-2膏采房和回采巷道两帮与顶底板变形量测点,然后进行运算求解,待应力平衡以后再对Ⅱ-3膏进行

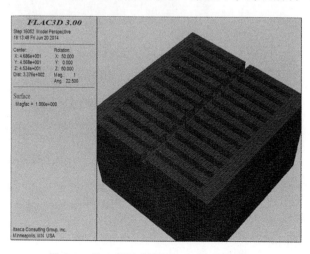

图 5-4　Ⅱ-2膏回采模型($z=59.5$ m 切面)

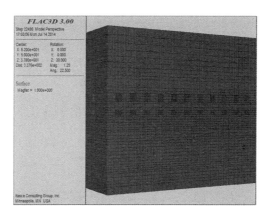

图 5-5　Ⅱ-2膏回采模型（y＝30 m 切面）

开挖并布置回采巷道和采房两帮与顶底板变形量测点（图 5-6），以此类推直到Ⅲ-2膏开挖，开挖前模型位移全部设置为 0。需要通过数值模拟分析：

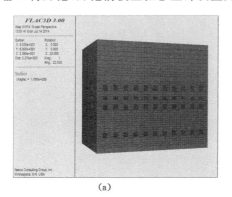
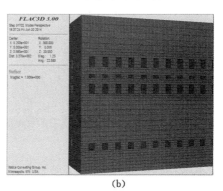

（a）　　　　　　　　　　　　（b）

图 5-6　Ⅱ-3膏回采模型（y＝30 m 切面）

（1）单个膏层回采后其顶底板的稳定性，即顶底板的位移与应力的变化及分布情况。

（2）下膏层，特别是邻近膏层的回采对上膏层的应力及应变状态的影响。

5.4　模拟结果及分析

5.4.1　Ⅱ-2膏层回采

从Ⅱ-2膏层回采后的垂直和水平应力分布云图（图 5-7～图 5-9）可以看出，Ⅱ-2膏层回采后，采空区矿柱垂直方向最大应力为 11.86 MPa 的压应力,位置为采房与区段平巷的交岔点处;水平方向最大应力为 2.91 MPa 的压应力,位置在区段保护矿柱上。最大垂直及水平应力均远低于试验所得的石膏矿石单轴抗压强度 31.7 MPa。从Ⅱ-2 膏层回采后的垂直和水平位移云图(图 5-10、图 5-11)及测点曲线图(图 5-12、图 5-13)可看出Ⅱ-2 膏层回采后区段平巷顶底板移近量最大为 6.4 mm,两帮为 2 mm;矿房顶底板移近量为 4.9 mm,两帮为 1.12 mm。

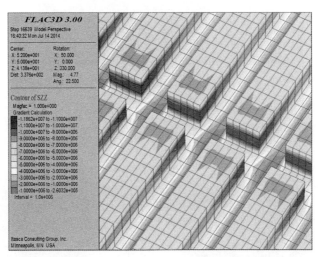

图 5-7　Ⅱ-2 膏层回采后矿柱垂直应力分布 3D 云图($z=59.5$ m 切面)

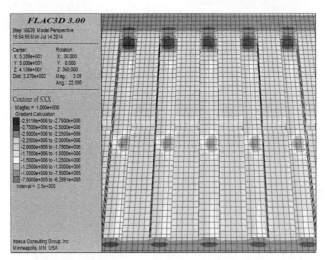

图 5-8　Ⅱ-2 膏层回采后矿柱 x 方向水平应力分布云图($z=59.5$ m 切面)

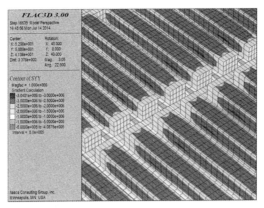

图 5-9　Ⅱ-2 膏层回采后矿柱 y 方向水平应力分布云图($z=59.5$ m 切面)

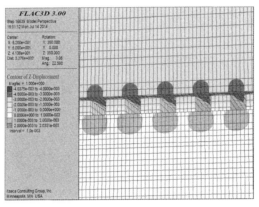

图 5-10　Ⅱ-2 膏层回采后采空区围岩垂直位移云图($y=48$ m 切面)

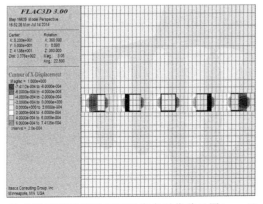

图 5-11　Ⅱ-2 膏层回采后采空区围岩水平位移云图($y=48$ m 切面)

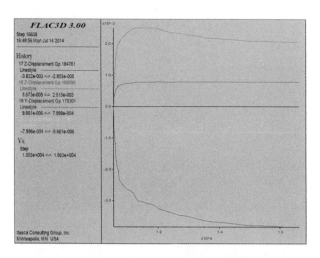

图 5-12　Ⅱ-2 膏层回采后区段平巷顶底板及两帮变形曲线

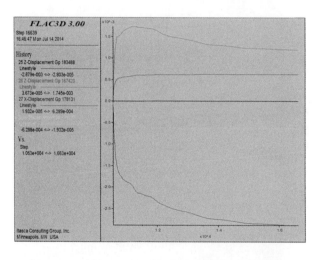

图 5-13　Ⅱ-2 膏层回采后矿房顶底板及两帮变形曲线

5.4.2　Ⅱ-3 膏层回采

　　根据Ⅱ-3 膏层回采后模型的垂直和水平应力分布云图(图 5-14、图 5-15)显示,Ⅱ-3 膏层回采后矿柱承受的最大垂直应力为 10.77 MPa,分布位置为矿房与区段平巷交岔点;最大水平应力为 2.98 MPa,分布位置为矿房末端区段保护矿柱。根据模型垂直及水平位移云图(图 5-16、图 5-17)及测点位移变化曲线(图 5-18),Ⅱ-3 膏层回采后顶底板最大移近量为 3.87 mm,两帮为 1.03 mm。

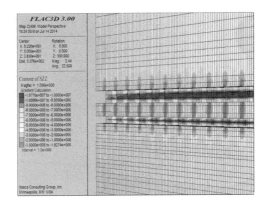

图 5-14 Ⅱ-3 膏层回采后采空区围岩垂直应力分布云图（$y=48$ m 切面）

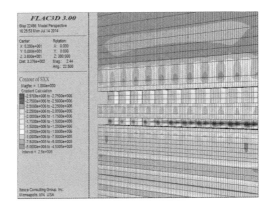

图 5-15 Ⅱ-3 膏层回采后采空区围岩水平应力分布云图（$y=48$ m 切面）

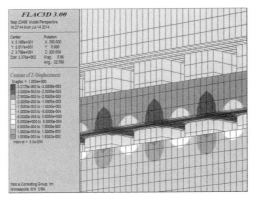

图 5-16 Ⅱ-3 膏层回采后采空区顶底板位移云图（$y=48$ m 切面）

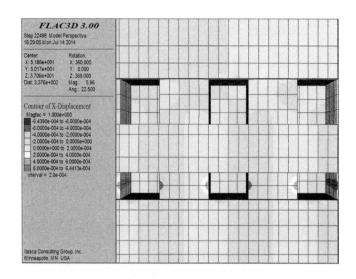

图 5-17   II-3 膏层回采后采空区两帮位移云图(y＝48 m 切面)

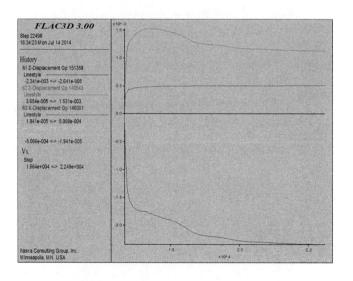

图 5-18   II-3 膏层回采后区段平巷围岩位移曲线

5.4.3   II-4 膏层回采

根据 II-4 膏层回采后的采房围岩垂直和水平应力分布云图(图 5-19、图 5-20)显示,II-4 膏层回采后矿柱承受的最大垂直应力为 10.97 MPa,分布位置为矿房与区段平巷交岔点;最大水平应力为 3.28 MPa,分布位置为矿房末端区段保护矿柱。根据模型垂直及水平位移云图(图 5-21、图 5-22)及测点位移变化曲线(图 5-23),Ⅱ-4 膏层回采后顶底板最大移近量为 4.7 mm,两帮为 1.1 mm。

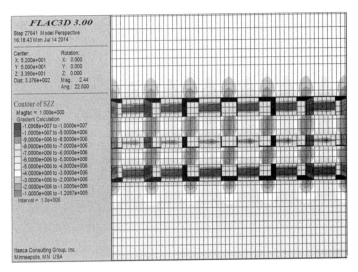

图 5-19　Ⅱ-4 膏层回采后采空区围岩垂直应力分布云图($y=48$ m 切面)

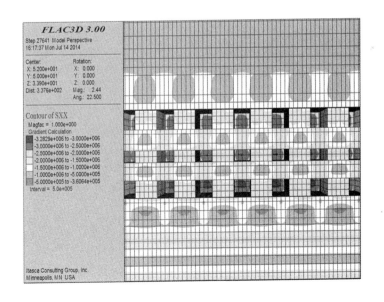

图 5-20　Ⅱ-4 膏层回采后采空区围岩水平应力分布云图($y=48$ m 切面)

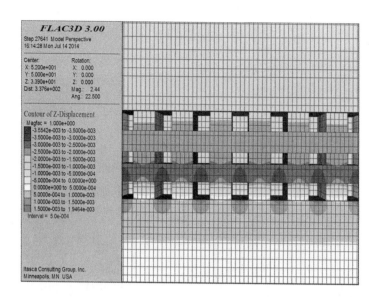

图 5-21　Ⅱ-4 膏层回采后采空区围岩垂直位移云图（$y=48$ m 切面）

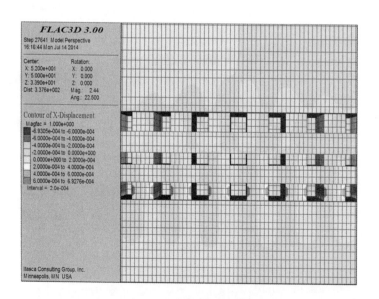

图 5-22　Ⅱ-4 膏层回采后采空区围岩水平位移云图（$y=48$ m 切面）

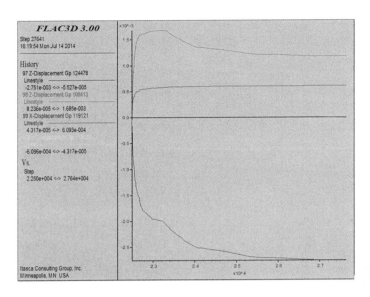

图 5-23　Ⅱ-4 膏层回采后区段平巷围岩位移曲线($y=48$ m 切面)

5.4.4　Ⅲ-2 膏层回采

根据Ⅲ-2 膏层回采后的采空区围岩垂直和水平应力分布云图(图 5-24、图 5-25)显示,Ⅲ-2 膏层回采后矿柱承受的最大垂直应力为 12.80 MPa,分布位置为矿房与区段平巷交岔点;最大水平应力为 3.63 MPa,分布位置为矿房末端区段

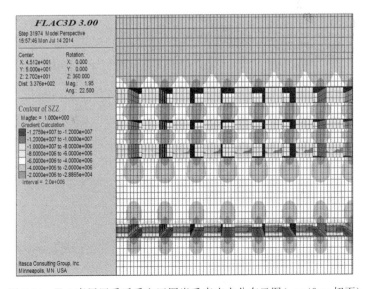

图 5-24　Ⅲ-2 膏层回采后采空区围岩垂直应力分布云图($y=48$ m 切面)

保护矿柱。根据模型垂直及水平位移云图(图 5-26、图 5-27)及测点位移变化曲线 (图 5-28),Ⅲ-2 膏层回采后顶底板最大移近量为 5.0 mm,两帮为 1.1 mm。

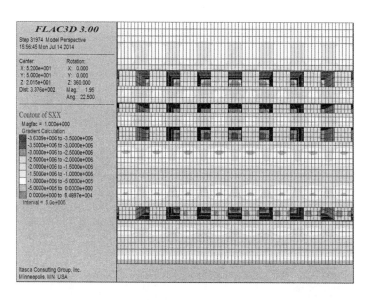

图 5-25　Ⅲ-2 膏层回采后采空区围岩水平应力分布云图($y=48$ m 切面)

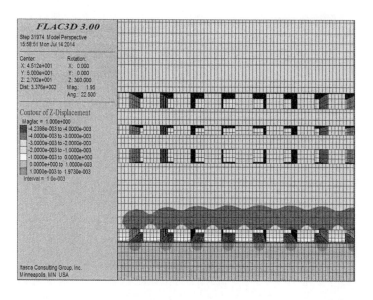

图 5-26　Ⅲ-2 膏层回采后采空区围岩垂直位移云图($y=48$ m 切面)

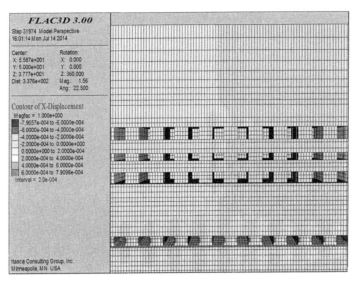

图 5-27　Ⅲ-2 膏层回采后采空区围岩水平位移云图（$y=48$ m 切面）

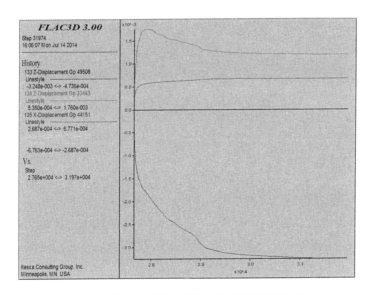

图 5-28　Ⅲ-2 膏层回采后区段平巷围岩位移曲线

5.4.5　下膏层回采对上部采空区影响分析

由Ⅱ膏各分层开采后的采空区围岩应力分布云图（图 5-7～图 5-9、图 5-14、图 5-15、图 5-19 和图 5-20）可看出，下膏层回采对上膏层应力的大小及分布影响很小，垂直距离较近的膏层，下膏层回采后上膏层围岩应力均有所减小。根据

Ⅲ-2膏回采后的围岩应力分布云图（图5-24、图5-25），Ⅲ-2膏的回采对Ⅱ膏各分层采空区应力状态几乎没有影响。

根据布置在各分层的位移测点全程记录的围岩位移曲线（图5-29～图5-31），在下分层开采后，顶底板的测点监测到几乎相同的垂直下沉量，两帮测点监测到的位移量一直为0。这说明下膏层回采后，上膏层会发生整体的下沉，一次最大下沉量为2.5 mm。

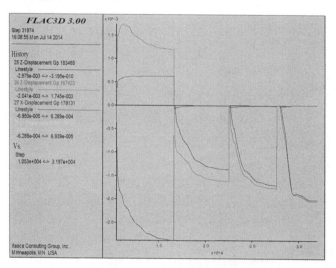

图5-29　Ⅱ-2膏层采空区测点围岩位移曲线

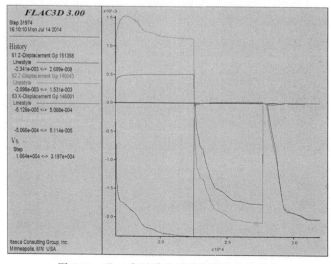

图5-30　Ⅱ-3膏层采空区测点围岩位移曲线

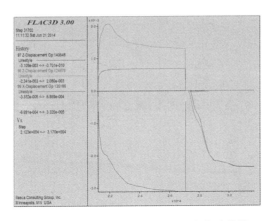

图 5-31 Ⅱ-4 膏层采空区测点围岩位移曲线

5.5 结论

(1) 各膏层回采后,采空区围岩应力均小于试验所得的石膏矿体单轴抗压强度,因此采空区是稳定的。

(2) 下分层的开采对上分层的稳定性影响较小,邻近膏层的下分层开采后由于压力得到一定程度的释放,采空区围岩应力峰值反而减小,应力分布状态没有发生变化;下分层回采后上分层的采空区围岩会发生整体的下沉,单次最大下沉量为 2.5 mm。

(3) 在无任何支护的情况下,采空区区段平巷的顶底板存在塑性变形(图 5-32),塑性区范围约为 1~1.5 m,根据各分层的应力分布云图,塑性区应处于塑性强化阶段,未失去承载能力。

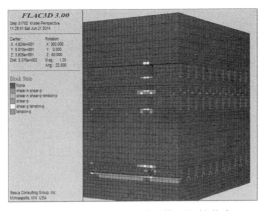

图 5-32 Ⅲ-2 膏层回采后模型塑性状态

6 采空区现状调查

采空区现状调查工作组对矿山自投产以来所形成的采空区,通过地表现状调查、逐个采空区核实、矿房矿柱测量、出水点观测等方式,全部进行了调查摸底统计工作;对采空区矿柱按照开采时间和空间分布进行了取芯钻探和钻孔波速测试工作,取得的岩石样品送具有资质的山东泰山矿产资源检测研究院进行了岩石物理力学试验。现将采空区现状调查成果详述如下。

6.1 采空区分区

6.1.1 分区目的及依据

6.1.1.1 采空区分区目的

采空区影响因素诸多,且多因素相互叠加、相互交叉作用,因此研究采空区特点及规律,将采空区进行分区十分必要。通过采空区分区能够直观地表达采空区的分布情况;便于分析各区采空区特点,有针对性地进行采空区稳定性评价;为采空区设计和治理提供可靠依据。

6.1.1.2 采空区分区依据

综合分析研究鲁能石膏矿采空区地质条件、埋深、形成时间、开拓方式、采矿平面布置图、现有监测成果和现状调查成果,总结采空区大致规律,由此确定采空区分区依据为:① 采空区地质条件;② 矿山开拓方式及开采顺序;③ 采矿平面布置图及采空区分布图;④ 采空区现状调查成果。

6.1.2 分区情况

经分析:每个开采矿层的采空区埋深由南向北逐渐加深,这是地层产状所决定的;采空区形成时间与采矿顺序有关,石膏矿一般由上至下逐层开采,因此采空区大致由浅及深逐渐形成;采矿平面布置图以 -45 m 轨道运输大巷、-100 m 总回风巷和 -160 m 轨道运输大巷大致将每个开采矿层由南向北划分为 4 个块段。

综上分析,采空区分区以埋深为主要因素,以形成时间为次要因素,结合采矿平面布置图,确定以 -45 m 轨道运输大巷、-100 m 总回风巷和 -160 m 轨道运输大巷为界线,将每个开采矿层分为 4 个分区,4 个开采矿层共分为 16 个分区,如表 6-1 所示。

表 6-1　采空区分区表

矿层	序号	分区名称	分区界线	分区简图
Ⅱ-2	1	Ⅱ-2-1	−45 m 大巷以南	
	2	Ⅱ-2-2	−45 m 大巷与−100 m 总回风巷间	
	3	Ⅱ-2-3	−100 m 总回风巷与−160 m 大巷间	
	4	Ⅱ-2-4	−160 m 大巷以北	
Ⅱ-3	5	Ⅱ-3-1	−45 m 大巷以南	
	6	Ⅱ-3-2	−45 m 大巷与−100 m 总回风巷间	
	7	Ⅱ-3-3	−100 m 总回风巷与−160 m 大巷间	
	8	Ⅱ-3-4	−160 m 大巷以北	
Ⅱ-4	9	Ⅱ-4-1	−45 m 大巷以南	
	10	Ⅱ-4-2	−45 m 大巷与−100 m 总回风巷间	
	11	Ⅱ-4-3	−100 m 总回风巷与−160 m 大巷间	
	12	Ⅱ-4-4	−160 m 大巷以北	

表 6-1(续)

矿层	序号	分区名称	分区界线	分区简图
Ⅲ-2	13	Ⅲ-2-1	−45 m 大巷以南	
	14	Ⅲ-2-2	−45 m 大巷与−100 m 总回风巷间	
	15	Ⅲ-2-3	−100 m 总回风巷与−160 m 大巷间	
	16	Ⅲ-2-4	−160 m 大巷以北	

6.2 地表现状调查情况

6.2.1 地表现状调查方法

地表现状采用现场踏勘和走访询问方式进行调查。现场踏勘内容包括调查区内民房、厂房、农田、道路、桥梁、水塘等建(构)筑物,并进行现场拍照记录。走访询问通过询问村民住户是否发生过房屋开裂及农田沉陷现象,形成走访询问记录表。

6.2.2 地表现状调查结果

实地调查面积 3.1 km²,走访 18 户村民和 3 家企业,调查点共计 48 个,调查周期历时半年,经调查未发现地表建筑物开裂、地表沉陷现象。地表现状调查结果汇总表见表 6-2。

6.3 采空区现状特征

6.3.1 采空区现状调查

采空区现状调查内容主要包括矿房矿柱现状调查测量、上下层矿房矿柱重叠测量核实、矿柱取芯钻探、矿柱钻孔波速测试、采空区出水点测量等,具体如下。

(1)对采空区的位置、开采时间、面积、埋深、岩性、节理裂隙、矿柱完整性、顶板是否冒落、积水情况等进行了详细调查并记录(图 6-1)。现有采空区 180 个,实地调查 180 个,采空区调查率达 100%。

表 6-2　地表现状调查结果汇总表

序号	名称	位置	现状描述	照片
1	民房	采空区中部西张庄村	未发现房屋开裂	
2	水塘	采空区东南部	常年有水，未发现沉陷	

表 6-2（续）

序号	名称	位置	现状描述	照片
3	农田林地	全部采空区范围内	未发现地表沉陷	
4	道路	全部采空区范围内	未发现采空区引起的路面沉陷，道路表面裂纹为车辆碾压	

表 6-2（续）

序号	名称	位置	现状描述	照片
5	厂房	全部采空区范围内	未发现厂房开裂	

图 6-1　采空区现状调查并记录

（2）采用红外线测距仪对采空区的矿房、矿柱尺寸进行测量复核（图 6-2）。

图 6-2　采用红外线测距仪测量矿房尺寸

（3）采用经纬仪对上下层矿房、矿柱是否重叠进行了抽查测量复核。首先查阅了鲁能石膏矿在生产中对上下层矿房、矿柱对齐的测量记录，其测量方法正确，测量记录齐全，测量误差符合要求；其次在采空区调查时通过通视的反井进行了查看，目测上下层矿柱重叠；最后抽查部分测量记录现场进行了复测校验（图 6-3），复测校验结果为上下层矿房、矿柱基本重叠。

（4）采用便携式钻机对采空区矿柱进行了取芯钻探。按照采空区形成先后顺序，以 2 年为时间间隔对采空区进行时间区域划分，每个时间区域内选取一个矿柱，在其左、右两侧设置 2 个钻孔以 45°角进行取芯钻探（图 6-4）。自 1996 年至 2016 年共划分为 11 组时间区域，设置钻孔 22 个，考虑空间分布因素增设钻孔 4 个，总计钻探 26 孔，共计钻探进尺 70.2 m（图 6-5）。

图 6-3 经纬仪复核矿柱是否重叠

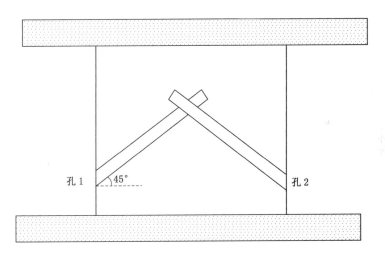

图 6-4 取芯钻孔示意图

（5）按照开采时间和空间分布选取 10 个矿柱进行钻孔波速测试，采用上海岩联工程技术有限公司生产的 YL-SWT 波速测试仪。

6.3.2 采空区各分区现状特征

为了治理采空区，鲁能石膏矿于 2016 年对各分区采空区的位置、开采时间、面积、埋深、岩性、节理裂隙、矿房矿柱完整性、顶板是否冒落、积水情况等进行了

图 6-5　便携式钻机进行取芯钻探

详细调查,摸清了采空区各分区现状,特征调查成果汇总见表 6-3～表 6-6。通过调查并结合鲁能石膏矿开采设计和采矿管控资料,表明鲁能石膏矿能够严格按照设计开采,矿房矿柱尺寸、矿柱完整性和连续性、边界矿柱和隔离矿柱、护顶膏和护底膏等基本符合设计要求,少数采空区存在矿柱局部片帮、矿房顶板局部冒顶,少数矿房有出水点。鲁能石膏矿根据排查结果划分了相对薄弱区并进行了治理,2017 年以后,开采过程中对护顶膏薄分层、破碎带、出水点及时进行支护或加强治理措施,保证生产安全及采空区稳定。

6.3.3　相对薄弱采空区特征

经过对各采空区现状调查,少数采空区因为膏层质量差、含软弱夹层、节理裂隙发育和靠近断层等原因,存在矿柱片帮、矿房顶板冒顶、少数矿房有出水点等情况,我们将出现片帮、冒顶和有出水点的采空区称为相对薄弱采空区。各分区相对薄弱采空区特征见表 6-7。现将各分区相对薄弱采空区特征分析如下。

6.3.3.1　Ⅱ-2 矿层Ⅱ-2-1 分区

(1) 该分区 7202、7203 采空区存在矿房顶板局部冒顶。该采空区大多数矿房顶板完整,无冒顶现象,仅个别矿房存在掉块,冒顶量最大 0.5 m³。该处采空区靠近 HF₆ 断层,距断层最近距离约 10 m(图上量取,下同),最远距离约 32 m,根据井田地质构造资料,该断层对矿层有一定破坏作用,近断层形成的大板尖条件下地层发生倒转、膏层厚度变薄、顶板膏层不完整等现象(图 6-6),导致矿房顶板局部岩体较破碎,断层影响是采空区局部冒顶的主要原因。因此Ⅱ-2-1 分区 7202、7203 采空区为采空区相对薄弱区。

(2) 205-1 采空区 5#～10# 采房三岔口处因地层相变导致护顶膏局部变薄,护顶膏厚度约 1.2 m。

表6-3 Ⅱ-2膏层采空区现状特征调查成果汇总表

分区名称	采空区编号	开采时间	面积/m²	埋深标高/m	矿房宽/m	矿柱宽/m	护顶膏/m	采高/m	护底膏/m	出水情况	上下矿柱是否重叠	异常情况
	7201	2011年	3 735.49	-37.94	4.01	3.89	2.0	3.5	1.0	无	是	无
	7202	2015年	4 247.30	-31.68	4.00	3.92	2.0	3.5	1.0	无	是	局部冒顶
	7203	2016年	7 326.29	-25.70	4.00	3.97	2.0	3.5	1.0	无	是	局部冒顶
	205-1	1999年	2 753.59	-38.60	4.00	4.01	1.8	3.9	1.0	无	是	5#~10#采房三岔口处顶板相变,导致护顶膏变薄,护顶膏厚度约1.2 m
	205-2	1999年	3 330.73	-30.09	4.00	3.86	1.8	3.7	1.0	无	是	无
	205-3	1999年	1 677.13	-18.68	4.00	4.02	1.8	3.8	1.0	无	是	顶板出水,其他无异常
	204-1	1998年	3 724.09	-39.77	4.00	4.12	2.1	4.0	1.0	无	是	无
Ⅱ-2-1区	204-2	1999年	2 613.34	-25.73	4.00	4.24	2.1	4.0	1.0	无	是	8#~15#采房三岔口处敲击顶板显示离层
	204-3	1999年	3 142.67	-15.85	4.02	3.78	2.1	4.0	1.0	无	是	无
	203-1	1997年	4 512.84	-40.24	4.00	4.12	2.0	4.0	1.0	无	是	无
	203-2	1997年	6 492.05	-30.88	4.00	4.32	2.0	3.9	1.0	无	是	无
	203-3	1998年	3 608.96	-19.75	4.00	4.14	1.8	3.8	1.0	无	是	无
	202-1	1996年	3 504.21	-41.15	3.97	3.97	2.0	4.1	1.0	无	是	5#~9#采房三岔口处顶板相变,导致护顶膏变薄,护顶膏厚度约1.3 m
	202-2	1997年	1 879.55	-30.77	4.00	4.24	2.0	4.1	1.0	无	是	无
	二采区轨道上山	1990年										出水

表 6-3(续)

分区名称	采空区编号	开采时间	面积/m²	埋深标高/m	矿房宽/m	矿柱宽/m	护顶膏/m	采高/m	护底膏/m	出水情况	上下矿柱是否重叠	异常情况
	8204	2016 年	5 135.97	−62.80	4.00	3.93	2.0	4.1	1.0	无	是	护顶膏薄层、破碎
	8202	2012 年	8 313.40	−45.60	4.00	3.78	2.0	4.0	1.0	无	是	无
	2202	2007 年	4 612.74	−97.22	4.00	4.11	2.0	4.1	1.0	无	是	无
	2201	2009 年	10 924.36	−84.50	4.00	4.16	2.0	4.1	1.0	无	是	无
	8203	2013 年	7 326.73	−50.96	4.00	3.92	2.0	4.3	1.0	无	是	无
	8201	2013 年	5 280.64	−41.40	4.00	4.02	2.2	4.1	1.0	无	是	无
	2203	2007 年	2 026.04	−98.63	4.00	4.13	2.0	4.1	1.0	无	是	无
	212-4	2004 年	3 639.23	−91.97	4.00	3.88	3.0	3.6	1.0	无	是	矿房矿柱完好
	212-3	2003 年	5 328.48	−83.75	4.01	4.01	3.0	3.6	1.0	无	是	靠近断层、局部冒顶
Ⅱ-2-2 区	212-2	2002 年	4 274.03	−70.42	4.00	4.22	3.0	3.5	1.0	无	是	无
	212-1	2002 年	4 836.88	−56.30	4.00	4.11	3.0	3.5	1.0	无	是	无
	211-4	2004 年	4 270.27	−92.85	4.00	4.07	3.0	3.5	1.0	无	是	无
	211-3	2003 年	4 879.61	−73.54	4.00	4.06	3.0	3.5	1.0	无	是	无
	211-2	2002 年	3 885.05	−67.58	4.00	3.94	3.0	3.5	1.0	无	是	无
	211-1	2001 年	3 179.87	−40.06	4.00	3.93	3.0	3.6	1.0	无	是	无
	210-4	2002 年	4 228.59	−90.14	4.00	4.21	3.0	3.7	1.0	无	是	无
	210-3	2002 年	4 135.31	−73.54	4.00	4.06	3.0	3.8	1.0	无	是	无
	210-2	2001 年	2 747.40	−64.96	4.00	4.05	3.0	3.6	1.0	无	是	无
	210-1	2000 年	1 487.33	−50.67	4.00	4.22	3.0	3.6	1.0	无	是	无

表 6-3（续）

分区名称	采空区编号	开采时间	面积/m²	埋深标高/m	矿房宽/m	矿柱宽/m	护顶膏/m	采高/m	护底膏/m	出水情况	上下矿柱是否重叠	异常情况
	209-4	2001年	1 889.87	−88.60	4.00	3.94	3.0	3.8	1.0	无	是	无
	209-3	2001年	2 662.36	−81.99	4.00	3.86	2.0	4.0	1.0	无	是	无
	209-2	2001年	3 390.86	−67.46	4.00	4.13	2.0	4.2	1.0	无	是	无
	209-1	2000年	3 733.93	−54.45	4.00	4.12	2.0	4.2	1.0	无	是	无
	208-3	2002年	5 640.92	−91.19	4.00	4.04	2.0	3.8	1.0	无	是	无
Ⅱ-2-2区	208-2	2002年	4 669.48	−79.25	4.00	3.95	2.0	4.1	1.0	无	是	无
	208-1	2002年	5 485.43	−67.74	4.02	4.24	2.0	4.1	1.0	无	是	8#~15#采房三岔口处敲击顶板板显离层
	207-1	2010年	8 914.10	−74.50	4.00	3.92	2.0	4.0	1.0	无	是	无
	222-54	2005年	994.20	−140.23	4.00	3.97	2.0	4.1	1.0	无	是	无
	222-44	2005年	2 267.01	−135.93	4.00	3.94	2.0	4.1	1.0	无	是	靠近断层，局部冒顶
	222-34	2006年	3 611.63	−125.56	4.00	4.13	2.0	4.1	1.0	无	是	无
	222-14	2007年	7 299.66	−110.28	4.00	3.96	2.0	4.1	1.0	无	是	无
Ⅱ-2-3区	222-6西	2002年	4 142.77	−140.30	4.00	4.02	2.0	4.1	1.0	无	是	无
	222-33	2003年	3 032.11	−127.45	4.00	4.12	2.0	4.1	1.0	无	是	无
	222-23	2003年	3 087.90	−118.86	4.00	4.14	2.0	4.1	1.0	无	是	无
	222-13	2003年	2 867.38	−115.34	4.00	3.88	2.0	4.1	1.0	无	是	无
	222-6东	2002年	5 724.87	−137.44	4.00	4.22	2.0	4.2	1.0	无	是	无
	222-32	2002年	4 235.00	−123.09	4.00	4.12	3.0	3.5	1.0	无	是	无

表 6-3（续）

分区名称	采空区编号	开采时间	面积/m²	埋深标高/m	矿房宽/m	矿柱宽/m	护顶膏/m	采高/m	护底膏/m	出水情况	上下矿柱是否重叠	异常情况
Ⅱ-2-3区	222-22	2004年	4 139.27	−117.75	4.00	4.14	3.0	3.5	1.0	无	是	无
	222-12	2004年	2 941.89	−105.84	4.00	3.97	3.0	3.7	1.0	无	是	无
	222-51	2001年	2 727.08	−139.12	4.00	4.24	3.0	3.3	1.0	无	是	无
	222-41	2002年	4 148.62	−124.16	4.00	3.96	3.0	3.3	1.0	无	是	无
	222-31	2003年	2 283.93	−115.91	4.01	3.78	3.0	3.3	1.0	无	是	无
	222-21	2003年	2 469.34	−111.32	4.00	4.11	3.0	3.7	1.0	无	是	无
	222-11	2004年	3 585.85	−109.59	4.00	4.13	3.0	3.7	1.0	无	是	无
	122-53	2002年	1 811.36	−137.67	4.00	3.94	2.0	4.0	1.0	无	是	无
	122-43	2003年	2 488.53	−130.24	4.00	4.02	2.0	4.0	1.0	无	是	无
	122-33	2003年	2 847.14	−122.51	4.00	4.13	2.0	4.0	1.0	无	是	无
	122-23	2004年	4 241.29	−115.91	4.00	3.98	2.0	4.0	1.0	无	是	无
	122-13	2005年	4 097.96	−107.42	4.00	4.03	2.0	3.9	1.0	无	是	无
	122-32	2003年	5 040.29	−126.49	4.00	4.22	2.0	3.3	1.0	无	是	无
	122-22	2004年	3 002.38	−119.60	4.00	4.16	2.0	3.6	1.0	无	是	无
	122-12	2005年	4 756.01	−110.54	4.00	4.07	2.0	3.5	1.0	无	是	无
Ⅱ-2-4区	222-64	2005年	258.16	−146.52	4.00	4.06	2.0	4.1	1.0	无	是	无
	422-12	2003年	1 803.52	−160.92	4.00	3.94	2.0	4.0	1.0	无	是	无
	222-83	2002年	4 261.23	−156.13	4.00	3.93	2.0	4.0	1.0	无	是	交岔口进房15 m处片帮
	422-31	2006年	3 356.69	−192.23	4.01	4.11	2.0	4.0	1.0	无	是	无

表 6-3（续）

分区名称	采空区编号	开采时间	面积/m²	埋深标高/m	矿房宽/m	矿柱宽/m	护顶膏/m	采高/m	护底膏/m	出水情况	上下矿柱是否重叠	异常情况
Ⅱ-2-4区	422-21	2004年	4 953.92	-173.03	4.00	4.13	2.0	3.8	1.0	无	是	无
	422-11	2004年	4 154.32	-166.80	4.00	3.98	2.0	3.7	1.0	无	是	无
	3204西	2005年	4 531.45	-192.23	4.00	4.24	2.0	4.0	1.0	无	是	无
	3203西	2004年	2 460.80	-173.03	4.00	3.95	2.0	3.8	1.0	无	是	无
	222-7	2001年	6 244.16	-155.56	4.00	3.88	2.0	4.1	1.0	无	是	无
	3204	2005年	4 426.52	-191.12	4.00	4.11	2.0	3.6	1.0	无	是	无
	3203	2005年	2 307.43	-179.54	4.00	4.12	2.0	4.0	1.0	无	是	无
	5201	2005年	6 516.51	-182.45	4.00	3.94	2.0	3.7	1.0	无	是	无
	5202	2004年	3 396.12	-156.12	4.00	4.02	2.0	3.8	1.0	无	是	无

表 6-4 Ⅱ-3矿层采空区现状特征调查成果汇总表

分区名称	采空区编号	开采时间	面积/m²	埋深标高/m	矿房宽/m	矿柱宽/m	护顶膏/m	采高/m	护底膏/m	出水情况	上下矿柱是否重叠	异常情况
Ⅱ-3-1区	304	2005年	3 790.59	-40.47	3.60	4.43	2.0	3.3	1.0	无	是	无
	301	2002年	6 587.91	-41.39	3.61	4.17	2.0	3.3	1.0	是	是	7#~15#采房三盆口处因地层相变导致护顶膏局部变薄，护顶膏厚度约1.2 m
	1采区轨道石门东Ⅱ-3	2004年	3 751.53	-41.48	4.00	4.02	2.0	3.3	1.0	无	是	无

表 6-4(续)

分区名称	采空区编号	开采时间	面积/m²	埋深标高/m	矿房宽/m	矿柱宽/m	护顶膏/m	采高/m	护底膏/m	出水情况	上下矿柱是否重叠	异常情况
II-3-2区	1306	2013年	7 251.98	-99.20	4.00	4.09	2.0	2.8	1.0	无	是	无
	1304	2013年	8 753.04	-78.50	4.02	4.03	2.0	3.2	1.0	无	是	无
	1302	2011年	5 244.73	-65.30	4.01	3.96	2.0	3.2	1.0	无	是	5#~7#采房三岔口处存在爆破伤顶
	1305	2013年	1 699.32	-98.18	4.07	4.21	2.0	3.2	1.0	无	是	无
	1303	2011年	8 075.64	-92.10	4.01	4.24	2.0	3.2	1.0	无	是	无
	1301	2010年	7 301.43	-72.00	4.00	4.03	2.0	3.2	1.0	无	是	10#~18#采房三岔口顶板局部有裂隙,巷道成形差
	2306	2012年	3 330.26	-132.56	4.08	4.32	2.6	2.3	1.0	无	是	无
	2304	2011年	3 581.73	-115.32	4.01	4.33	2.6	2.3	1.0	无	是	无
	2305	2011年	4 498.96	-139.97	4.06	4.42	2.0	2.8	1.0	无	是	无
	2303	2011年	8 667.24	-125.27	4.00	4.22	2.6	2.3	1.0	无	是	无
	2301	2010年	8 414.88	-113.31	4.00	4.23	2.7	2.2	1.0	无	是	无
II-3-3区	1306-2	2016年	3 076.56	-150.84	4.00	4.00	2.0	3.0	1.0	无	是	无
	1304-2	2012年	9 142.15	-135.50	4.01	4.20	2.0	2.8	1.0	无	是	7#~10#采房三岔口处存在爆破伤顶
	1302-2	2013年	9 021.03	-117.02	4.01	4.32	2.0	2.8	1.0	无	是	无
	123-7	2001年	1 595.29	-141.30	3.61	3.92	2.0	3.2	1.0	无	是	无
	1303-2	2016年	6 409.34	-135.93	4.00	4.08	2.0	2.8	1.0	无	是	存在局部冒顶

表 6-4(续)

分区名称	采空区编号	开采时间	面积/m²	埋深标高/m	矿房宽/m	矿柱宽/m	护顶膏/m	采高/m	护底膏/m	出水情况	上下矿柱是否重叠	异常情况
Ⅱ-3-3区	1301-2	2013年	9 745.51	-118.80	4.00	4.02	2.0	3.2	1.0	无	是	无
	123-5	2001年	247.73	-150.06	3.72	4.41	2.0	3.1	1.0	无	是	无
	4306	2007年	4 566.41	-185.46	4.00	4.32	2.0	3.3	1.0	无	是	无
	4304	2009年	11 640.12	-175.20	4.00	4.44	2.0	3.3	1.0	无	是	无
	2308	2006年	6 509.61	-140.59	4.00	4.34	2.0	3.3	1.0	无	是	无
Ⅱ-3-4区	4307	2006年	1 786.15	-189.76	4.00	4.78	2.0	3.2	1.0	无	是	无
	4305	2005年	9 028.75	-180.96	4.00	4.41	2.0	3.2	1.0	无	是	无
	4303	2007年	5 278.90	-166.76	4.00	4.57	2.0	3.3	1.0	无	是	存在矿柱片帮
	4301	2009年	890.90	-157.09	4.02	4.42	2.0	3.3	1.0	无	是	出水
	53下山巷道	2016年										

表 6-5 Ⅱ-4煤层采空区现状特征调查成果汇总表

分区名称	采空区编号	开采时间	面积/m²	埋深标高/m	矿房宽/m	矿柱宽/m	护顶膏/m	采高/m	护底膏/m	出水情况	上下矿柱是否重叠	异常情况
Ⅱ-4-1区	3405	2006年	1 348.12	-37.90	4.01	3.97	2.0	4.5	1.0	无	是	无
	3403	2006年	1 407.03	-47.00	4.00	4.07	2.0	4.5	1.0	无	是	无
	2404	2006年	5 000.84	-40.30	4.00	4.01	2.0	4.5	1.0	无	是	无
	2402	2005年	9 440.49	-9.25	4.00	3.96	2.0	4.5	1.0	无	是	无
	2403	2005年	3 479.88	-53.61	4.00	4.04	2.0	4.5	1.0	无	是	无
	2401	2004年	6 426.04	-117.10	4.00	4.13	2.0	4.5	1.0	无	是	矿柱分割不连续

表 6-5（续）

分区名称	采空区编号	开采时间	面积/m²	埋深标高/m	矿房宽/m	矿柱宽/m	护顶膏/m	采高/m	护底膏/m	出水情况	上下矿柱是否重叠	异常情况
Ⅱ-4-1区	1405	2004年	1 784.19	−40.80	4.00	4.21	2.0	4.5	1.0	无	是	无
	1403	2004年	2 596.05	−41.28	4.02	3.87	2.0	4.5	1.0	无	是	无
	1402	2011年	8 011.29	−42.15	4.00	4.02	2.0	4.3	1.0	无	是	14#~19#采房三岔口处顶板相变导致护顶膏局部变薄,护顶膏厚度约 1.1 m
	2402	2011年	8 116.07	−110.26	4.00	3.93	2.2	4.5	1.0	无	是	无
	2400	2012年	3 024.97	−91.20	4.00	3.78	2.0	4.5	1.0	无	是	无
	3410	2009年	6 958.14	−102.20	4.00	4.11	2.0	4.6	0.5	无	是	无
	3408	2008年	6 868.43	−86.40	4.00	4.16	2.0	4.5	1.0	无	是	无
	3406	2008年	7 092.40	−72.11	4.00	3.92	2.0	4.3	0.5	无	是	无
	3411	2008年	6 649.16	−103.80	4.00	4.02	2.0	4.5	0.5	无	是	无
	3409	2008年	3 042.22	−86.45	4.00	4.13	2.0	4.5	1.0	无	是	无
Ⅱ-4-2区	3407	2007年	1 789.11	−68.79	4.00	4.03	2.0	4.5	1.0	无	是	无
	2410	2009年	6 585.32	−98.90	4.00	3.88	2.0	4.5	1.0	无	是	无
	2408	2008年	4 575.94	−82.20	4.01	4.01	2.0	4.5	1.0	无	是	无
	2406	2007年	3 729.49	−68.52	4.00	4.22	2.0	4.5	1.0	无	是	无
	1409	2014年	6 296.39	−90.20	4.00	4.11	2.0	4.3	1.0	无	是	无
	2407	2006年	2 221.21	−78.29	4.00	4.07	2.0	4.3	1.0	无	是	无
	2405	2006年	1 314.82	−66.01	4.00	4.06	2.0	4.3	1.0	无	是	无
	1407	2012年	5 154.04	−68.83	4.00	3.94	2.0	4.3	1.0	无	是	无
	1404	2014年	5 480.93	−75.30	4.00	3.93	2.0	3.0	0.5	无	是	无

表 6-5（续）

分区名称	采空区编号	开采时间	面积/m²	埋深标高/m	矿房宽/m	矿柱宽/m	护顶膏/m	采高/m	护底膏/m	出水情况	上下矿柱是否重叠	异常情况
	2406西	2008年	1 956.92	−141.20	4.00	3.97	2.1	4.5	1.0	无	是	无
	2404	2009年	4 872.52	−130.23	3.99	3.94	2.0	4.5	1.0	无	是	存在冒顶
	2407	2008年	3 547.55	−156.30	4.00	4.13	2.0	4.5	1.0	无	是	7#~12#采房三岔口处顶板相变,导致护顶膏局部变薄,护顶膏厚度约1.2 m
	2405西	2007年	3 736.48	−146.20	4.00	3.96	2.0	4.5	1.0	无	是	无
	2403	2008年	6 887.75	−133.20	4.00	4.02	2.0	4.5	1.0	无	是	无
	2414	2007年	4 550.10	−147.80	4.00	4.12	2.0	4.5	1.0	无	是	无
	2412	2008年	4 539.97	−133.20	4.00	4.12	2.0	4.6	1.0	无	是	无
Ⅱ-4-3区	2406东	2013年	3 761.66	−152.32	4.00	3.98	2.0	4.2	1.0	无	是	无
	2404东	2014年	7 411.28	−140.90	3.98	4.22	2.0	4.4	1.0	无	是	无
	2402东	2012年	4 426.77	−120.20	4.00	4.12	3.4	2.8	1.0	无	是	无
	2405东	2013年	6 106.83	−145.62	4.00	4.11	2.0	3.6	0.5	无	是	无
	2403东	2015年	7 643.90	−132.20	4.00	3.97	3.4	2.8	1.0	无	是	无
	2401东	2015年	5 630.71	−121.10	4.00	4.24	2.4	2.9	1.0	无	是	矿柱不连续
	4406	2010年	1 453.32	−192.35	4.00	4.06	2.0	4.5	1.0	无	是	无
	4404	2010年	4 091.49	−179.06	4.00	3.94	2.0	4.5	1.0	无	是	无
	4402	2009年	7 124.93	−165.30	4.00	3.93	2.0	4.5	1.0	无	是	无
Ⅱ-4-4区	4405	2011年	4 160.76	−195.60	4.01	4.11	2.0	3.0	1.0	无	是	无
	4403	2010年	7 921.77	−182.70	4.00	4.13	2.0	4.0	1.0	无	是	无
	4401	2011年	9 512.07	−170.32	4.00	3.95	2.0	4.2	1.0	无	是	11#~17#采房三岔口处顶板相变,导致局部顶膏变薄,护顶膏厚度为1.1~1.2 m

表 6-6　Ⅲ-2 膏层采空区现状特征调查成果汇总表

分区名称	采空区编号	开采时间	面积/m²	埋深标高/m	矿房宽/m	矿柱宽/m	护顶膏/m	采高/m	护底膏/m	出水情况	上下矿柱是否重叠	异常情况
Ⅲ-2-1 区	1502	2015 年	19 422.86	−57.28	4.01	4.19	1.5	3.6	1.0	3 处出水	是	靠近断层,破碎,3 处出水
	1501	2015 年	14 234.67	−74.10	4.00	4.16	1.5	3.5	1.0	1 处出水	是	靠近断层,破碎,1 处出水
	2508	2016 年	12 764.69	−175.08	4.00	4.24	1.5	3.5	1.0	无	是	位于Ⅱ膏层的底分层,其他无异常
	2506	2013 年	4 447.92	−156.50	4.00	3.95	1.5	3.5	1.0	无	是	位于Ⅱ膏层的底分层,其他无异常
Ⅲ-2-3 区	2504	2016 年	4 185.91	−134.20	4.00	3.88	1.5	3.5	1.0	无	是	位于Ⅱ膏层的底分层,其他无异常
	2505	2016 年	5 106.81	−172.90	4.00	4.11	1.5	3.5	1.0	无	是	位于Ⅱ膏层的底分层,其他无异常
	2503	2015 年	7 790.52	−156.90	4.00	4.12	1.5	3.5	1.0	无	是	位于Ⅱ膏层的底分层,其他无异常
Ⅲ-2-4 区	2510	2016 年	7 050.00	−178.02	4.00	4.15	1.5	3.5	1.0	无	是	存在矿柱不连续

表 6-7　各分区相对薄弱采空区现场图片汇总表

分区名称	采空区编号	开采时间	描述	照片
Ⅱ-2-1 区	7202、7203	2015.07—2016.06	个别矿房存在垮塌现象，冒顶量最大 0.5 m³。冒顶原因为该处采空区靠近 HF₆ 断层，造成地层发生倒转，菁层厚度变薄，顶板菁层不完整现象，引起顶板离层冒落	
	二采轨道上山出水点	1996.09.08	底板涌水，出水量约 5 m³/h。该出水点距 HF₆ 断层约 28 m，HF₆ 断层为导水富水中等断层，出水点附近裂隙发育，裂隙与断层相通	
	205-3 采空区 3# 采房顶板出水	2006	顶板出水，出水量约 4 m³/h。该出水点距离 HF₆ 断层约 17 m	

表 6-7(续)

分区名称	采空区编号	开采时间	描述	照片
Ⅱ-2-2 区	8204	2015.09—2016.07	8204 采空区顶板工程地质条件较差,原因是护顶膏为石膏与泥灰岩呈薄层状互层产出,且节理裂隙发育	
Ⅱ-2-3 区	212-3	2003.01—2004.02	采空区过断层处岩层破碎,存在局部冒落	
	一采区辅助上山	2002.04	矿柱片帮,片帮最大厚度 0.25 m,高度 2.0 m。片帮原因呈薄层状互层,且在石膏与泥灰岩夹层中存在厚约 0.5 cm 的泥岩夹层纤维膏、节理裂隙较发育	
Ⅱ-2-3 区	222-44	2005.05—2006.02	采空区过断层处岩层破碎,存在局部冒落	
Ⅱ-2-4 区	222-83	2001.06—2002.05	矿柱片帮,片帮最大厚度 0.3 m,高度 2.5 m。片帮原因主要为石膏与泥灰岩呈薄层状互层产出,且在泥灰岩夹层中存在厚约 0.5 cm 的纤维膏、节理裂隙较发育	

表 6-7（续）

分区名称	采空区编号	开采时间	描述	照片
II-3-3 区	1303	2010.06—2011.08	2#和5#矿房存在矿房顶板护顶青不足和局部冒顶现象，冒顶最大原因为矿房顶板护顶青厚约1.0 m，留设不足1.5 m	
II-3-4 区	4301	2009.05—2009.07	存在矿柱局部片帮现象。片帮高度1.2 m以下，片帮厚度约0.2 m。片帮原因为石青与含青泥灰岩呈薄层互层产出，且节理裂隙发育	
	53 下山巷道出水点	2016.12	掘进时钻孔中有气体喷出，随后有水涌出并伴随硫化氢等有害气体，涌水量约10 m³/h	出水发生在野外调查结束后，矿方提供资料，因为紧急封堵，未留取出水时照片

分区名称	采空区编号	开采时间	描述	照片
Ⅱ-4-1 区	2401	2004.05—2006.08	矿柱分割不连续,共计存在 70 处	
Ⅱ-4-3 区	2404	2013.07—2014.10	顶板局部冒顶,原因为矿房留设护顶膏不足 1.5 m	

表 6-7(续)

表 6-7(续)

分区名称	采空区编号	开采时间	描述	照片
Ⅲ-2-1区	1501、1502	2013.12—2016.07	底板出水,原因主要是采空区近断层形成的大板尖区条件下地层发生倒转,青层厚度变薄,顶板青层不完整现象,导致矿房顶板局部岩体较破碎而沟通富水断层	
Ⅲ-2-3区	2503、2505、2504、2506、2508	2013.03—2016.07	5个采空区上部有Ⅱ-2、Ⅱ-3和Ⅱ-4三个采层,受多采层开采影响且为最底层,是安全防范重点	
Ⅲ-2-4区	2510		矿柱不连续	

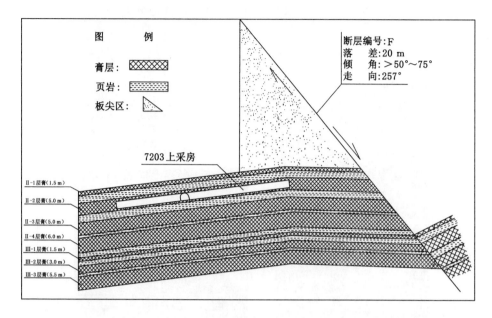

图 6-6 7203 采空区板尖区示意图

(3) 204-2 采空区 8#～15# 采房三岔口处经敲击顶板回音显示顶板存在离层。

(4) 202-1 采空区 5#～9# 采房三岔口处因地层相变导致护顶膏局部变薄，护顶膏厚度约 1.3 m。

(5) 二采区轨道上山出水点相对薄弱区特征描述见后文 6.4 节。

(6) 205-3 采空区 3# 采房顶板出水，列为相对薄弱区，特征描述见后文 6.4 节。

6.3.3.2　Ⅱ-2 矿层Ⅱ-2-2 分区

(1) 8204 采空区顶板工程地质条件差。经调查 8204 采空区顶板护顶膏为薄层石膏，且为石膏与泥灰岩呈薄层状互层产出，形成黑白相间且厚度不等的条带，且节理裂隙发育，因此顶板工程地质条件较差。

(2) 208-1 采空区 8#～15# 采房三岔口处经敲击顶板回音显示顶板存在离层。

(3) 212-3 采空区过断层处岩层破碎，存在局部冒落。

6.3.3.3　Ⅱ-2 矿层Ⅱ-2-3 分区

(1) 222-44 采空区过断层处岩层破碎，存在局部冒落。

（2）一采区辅助上山巷道存在片帮，片帮高度1.8 m，片帮厚度约0.25 m。片帮处显示为石膏与泥灰岩呈薄层状互层产出，且在泥灰岩夹层中存在厚约0.5 cm的纤维膏，节理裂隙较发育，该地层构造是出现片帮的原因。

6.3.3.4 Ⅱ-2矿层Ⅱ-2-4分区

222-83采空区片帮位于自运输巷与矿房交岔口进采房15 m处，片帮矿柱高1.7 m以下，片帮最大厚度0.3 m，在矿房与采掘巷道交岔口局部片帮高度达2.5 m。片帮处显示为石膏与泥灰岩呈薄层状互层产出，且在泥灰岩夹层中存在厚约0.5 cm的纤维膏，节理裂隙较发育，该地层构造是出现片帮的原因。矿柱1.7 m以上为中厚层石膏层，薄层泥灰岩尖灭，未发现片帮现象。因此，Ⅱ-2-4分区222-83采空区为相对薄弱区。

6.3.3.5 Ⅱ-3矿层Ⅱ-3-1分区

301采空区7#～15#采房三岔口处因地层相变导致护顶膏局部变薄，护顶膏厚度约1.2 m。

6.3.3.6 Ⅱ-3矿层Ⅱ-3-2分区

（1）1301采空区10#～18#采房三岔口处在开采运输巷时顶板局部有裂隙，巷道成形差。

（2）1302采空区5#～7#采房三岔口处因矿山开采生产期间运输巷施工爆破伤顶，顶板不平整。

6.3.3.7 Ⅱ-3矿层Ⅱ-3-3分区

（1）1303采空区存在矿房顶板护顶膏不足和局部冒顶现象，大多数矿房顶板完整，无冒顶现象。调查发现在5#矿房进房20 m处矿房顶板存在掉块，冒顶量最大0.2 m³，冒顶处矿房顶板护顶膏厚约1.0 m，留设不足1.5 m。2#矿房进房20 m处矿房顶板护顶膏为1.0 m，护顶膏不足1.5 m。因此，1303采空区因为护顶膏留设不足1.5 m，导致顶板强度降低，出现局部掉块冒顶，Ⅱ-3-3分区1303采空区为相对薄弱区。

（2）1304采空区7#～10#采房三岔口处因矿山开采生产期间运输巷施工爆破伤顶，顶板不平整。

6.3.3.8 Ⅱ-3矿层Ⅱ-3-4分区

（1）4301采空区存在矿柱局部片帮现象。片帮位置一般在采掘巷道与矿房交岔口至矿房进深10 m处，片帮高度1.2 m以下，片帮厚度约0.2 m。片帮处显示石膏层为石膏与含膏泥灰岩呈薄层互层产出，且节理裂隙发育，该地层构造是出现片帮的原因。矿柱1.5 m以上为中厚层石膏层，薄层含膏泥灰岩互层尖灭,未发现片帮现象。因此,Ⅱ-3-4 分区 4301 采空区为相对薄弱区。

(2) 53 下山巷道出水点。巷道掘进时钻孔出水,划分为相对薄弱区,特征描述见后文 6.4 节。

6.3.3.9 Ⅱ-4 矿层Ⅱ-4-1 分区

(1) 该分区 2401 采空区生产过程中硫化氢气体严重,为此在采空区内增设回风巷,回风巷宽度约 3.6 m,致使矿柱分割不连续。共计存在 70 处增设回风巷,因此该分区 2401 采空区存在 70 处矿柱不连续,为采空区相对薄弱区。

(2) 1402 采空区 14#～19# 采房三岔口处因地层相变导致护顶膏局部变薄,护顶膏厚度约 1.1 m。

6.3.3.10 Ⅱ-4 矿层Ⅱ-4-3 分区

(1) 该分区 2404 采空区存在矿房留设护顶膏不足和顶板局部冒顶。该处采空区大多数矿房顶板完整,无冒顶现象,仅个别矿房存在掉块,冒顶量最大 0.3 m³。现场调查发现:7# 矿房进房 6.5 m 处顶板冒顶,掉块呈碎片状,冒顶量约 0.1 m³,护顶膏约 1.0 m,不足 1.5 m;3# 矿房进房 21.9 m 处顶板冒顶,掉块较大,冒顶量约 0.2 m³,护顶膏约 1.1 m,不足 1.5 m;2# 矿房进房 15 m 处顶板冒顶,掉块较大,冒顶量约 0.3 m³,护顶膏约 1.0 m,不足 1.5 m。因此,2404 采空区因为护顶膏留设不足 1.5 m,导致顶板强度降低,出现局部掉块冒顶,Ⅱ-4-3 分区 2404 采空区 2#、3#、7# 矿房为相对薄弱采空区。

(2) 2407 采空区 7#～12# 采房三岔口处因地层相变导致护顶膏局部变薄,护顶膏厚度约 1.2 m。

6.3.3.11 Ⅱ-4 矿层Ⅱ-4-4 分区

4401 采空区 11#～17# 采房三岔口处因地层相变导致护顶膏局部变薄,护顶膏厚度为 1.1～1.2 m。

6.3.3.12 Ⅲ-2 矿层Ⅲ-2-1 分区

(1) 1501 采空区生产过程中多次出水,划分为相对薄弱区,特征描述见后文 6.4 节。

(2) 1502 采空区出水,划分为相对薄弱区,特征描述见后文 6.4 节。

6.3.3.13 Ⅲ-2 矿层Ⅲ-2-3 分区

该分区 2503、2505、2504、2506、2508 采空区为近三年开采,经现场调查发现采空区整体情况较好,矿柱较完整且连续,矿房顶板整体完好。该分区开采标高为 -160 m 水平以下,埋深大,地应力大,且Ⅲ-2-3 分区 5 个采空区上部有Ⅱ-2、Ⅱ-3 和Ⅱ-4 三个采层,受多层开采影响且为最底层,是安全防范重点。因此,将

Ⅲ-2-3 分区 2503、2505、2504、2506 和 2508 采空区列为相对薄弱采空区。

6.3.3.14 Ⅲ-2 矿层Ⅲ-2-4 分区

经现场调查发现 2510 采空区整体情况较好，矿柱较完整且连续，矿房顶板整体完好。该分区开采标高为－160 m 水平以下，埋深大，地应力大，且该采空区上部有Ⅱ-2、Ⅱ-3 和Ⅱ-4 三个采层，受多层开采影响且为最底层，是安全防范重点。因此，将Ⅲ-2-4 分区 2510 采空区列为相对薄弱采空区。

此外，2510 采空区开采过程中由于铲车转向需要，在采区东端两翼开拓了铲车转向通道 4 处，转向通道宽度约 3.6 m，致使矿柱不连续。

综上所述，2510 采空区为相对薄弱采空区。

表 6-7 为各分区现状特征调查时拍摄的相对薄弱地点现场图片汇总表。

6.4 采空区出水点情况

现场调查共发现 7 个出水点（表 6-8），分别为Ⅱ-3 矿层Ⅱ-3-4 分区 53 下山巷道出水点；Ⅲ-2 矿层Ⅲ-2-1 分区 1501 采空区 3# 采房出水点，1502 采空区 0# 采房出水点、44# 采房出水点、45# 采房出水点；Ⅱ-2 矿层Ⅱ-2-1 分区二采区轨道上山出水点和 205-3 采空区 3# 采房顶板出水点。现分述如下。

表 6-8 出水点情况统计表

序号	名称	首次出水时间	地点	出水量	是否积水	出水原因分析
1	Ⅱ-3 矿层Ⅱ-3-4 分区 53 下山巷道出水点	2016.12.24	53 下山巷道导线点东 7 点前 21.5 m	10 m³/h	无	
2	Ⅲ-2 矿层Ⅲ-2-1 分区 1501 采空区 3# 采房出水点	2014.04.09	1501 采空区 3# 采房	3.2 m³/h	无	靠近 HF₃ 断层，距离约 51 m。该断层对矿层有一定的破坏作用，为导水富水中等断层
3	Ⅲ-2 矿层Ⅲ-2-1 分区 1502 采空区 0# 采房出水点	2014.03.09	出水点距 0# 采房开门点 18.3 m	0.7 m³/h	无	靠近 HF₆ 断层，距离约 40 m。该断层为导水富水中等断层

表 6-8(续)

序号	名称	首次出水时间	地点	出水量	是否积水	出水原因分析
4	Ⅲ-2 矿层Ⅲ-2-1 分区 1502 采空区 45# 采房出水点	2016.06.29	45# 采房导线点前 48.9 m	1.7 m³/h	无	距 HF₃ 断层约 36 m,距 HF₆ 断层约 90 m,两断层为导水富水中等断层
5	Ⅲ-2 矿层Ⅲ-2-1 分区 1502 采空区 44# 采房出水点	2016.06.30	44# 采房导线点前 47 m	1.8 m³/h	无	距 HF₃ 断层约 36 m,距 HF₆ 断层约 90 m,两断层为导水富水中等断层
6	Ⅱ-2 矿层Ⅱ-2-1 分区二采区轨道上山出水点	1996.09.08	B10 导线点前 26 m 处	5 m³/h	无	距 HF₆ 断层约 28 m。该断层为导水富水中等断层
7	Ⅱ-2 矿层Ⅱ-2-1 分区 205-3 采空区 3# 采房顶板出水点	2006	3# 采房施工过程中导线点前 16 m 处	4 m³/h	无	距 HF₆ 断层约 17 m。该断层为导水富水中等断层

6.4.1 Ⅱ-3 矿层Ⅱ-3-4 分区 53 下山巷道出水点

2016 年 12 月 24 日 13 时左右,二号井 53 下山巷道开拓至导线点东 7 点前 21.5 m,在打眼过程中,当左上辅助眼钻进至 1.0 m 时,钻孔中有气体喷出,随后有水涌出,涌水量约 10 m³/h,硫化氢等有害气体浓度无明显增加。现场立即采取紧急封堵措施,向出水通道注浆,临时封堵住了出水。经过现场调查,出水点为普通膏,半透明-不透明石膏为主,中粗晶粒结构。巷道两帮及顶部均为石膏层,石膏厚度 5.0 m。该巷道位于膏层中下部,顶板留设 2.0 m 护顶膏,巷道底板为钙质页岩,薄层,页理发育。

6.4.2 Ⅲ-2 矿层Ⅲ-2-1 分区 1501 和 1502 采空区出水点

(1) 2014 年 4 月 9 日,1501 工作面 3# 采房底板出水,出水量 3.2 m³/h。该出水点距离 HF₃ 断层约 51 m,该断层对矿层有一定的破坏作用,受断层影响出水点附近裂隙发育,裂隙与断层相通,且该断层为导水富水中等断层。

(2) 2014 年 3 月 9 日,1502 工作面上 0# 采房爆破施工完毕后,采房底板涌水,出水点距开门点 18.3 m,出水点周围底板有底鼓现象,水从开裂底板缝隙中流出,涌水量约 0.7 m³/h。经过现场调查,出水点为普通膏,半透明-不透明石膏为主,中粗晶粒结构。巷道两帮及顶部均为石膏层,石膏厚度 6.5 m。该采房位于膏层中下部,顶板留设 1.5 m 护顶膏,巷道底板为薄层页岩(厚层状 0.5～1.0 cm 页岩),页理裂隙发育。出水点距离 HF₆ 断层 40 m,该断层对矿层有一定的破坏作用,受断层影响出水点附近裂隙发育,裂隙与断层相通,且该断层为导水富水中等断层。

(3)2016 年 6 月 29 日,1502 工作面上 45# 采房施工至导线点前 48.9 m 时,在导线点前 32.0 m 至 35.5 m 处左侧底板出现裂隙,并伴有水溢出,出水点涌水量约 1.7 m³/h。经过现场调查,出水点为普通膏,半透明-不透明石膏为主,中粗晶粒结构。巷道两帮及顶部均为石膏层,石膏厚度 6.5 m。该采房位于膏层中部,顶板留设 1.8 m 护顶膏,底板留设 1.0 m 护底膏,采房巷道底板为页岩(厚层状 0.5～1.0 cm 页岩),页理裂隙发育。

(4)2016 年 6 月 30 日,1502 工作面上 44# 采房导线点前 47 m 出水,出水量 1.8 m³/h。其与 45# 采房相邻,且出水位置及出水量相似,而且在 45# 采房临时封堵后 44# 采房才出现出水,因此,二者应为裂隙相连通同一出水通道的出水点。

44# 采房和 45# 采房出水点距离 HF₃ 断层约 36 m,距离 HF₆ 断层约 90 m,HF₃ 和 HF₆ 断层对矿层均有一定的破坏作用,受断层影响出水点附近裂隙发育,裂隙与两断层或二者之一相通,且两断层为导水富水中等断层。

6.4.3 Ⅱ-2 矿层Ⅱ-2-1 分区二采区轨道上山出水点和 205-3 采空区 3# 采房顶板出水点

(1)1996 年 9 月 8 日,二采区轨道上山施工至导线点前 26 m 处时底板涌水,出水量约 5 m³/h。该出水点距 HF₆ 断层约 28 m,断层为导水富水中等断层,出水点附近裂隙发育,裂隙与断层相通。

(2)2006 年,205-3 采空区 3# 采房施工过程中导线点前 16 m 处发生顶板出水,出水量约 4 m³/h。该出水点距离 HF₆ 断层约 17 m。

6.5 采空区上、下分层矿房矿柱对齐情况

6.5.1 第一次复测

2017 年 2 月,山东正元建设工程有限责任公司对鲁能石膏矿 12 个已采工作面的上、下各分层矿房矿柱的对齐情况进行了复测,复测导线总长度累计 5 013.0 m。复测结果如下:

（1）一号井Ⅱ-2层采空区（208-3面）与Ⅱ-3层采空区（1303面）矿柱上下对齐情况，经过闭合复测，闭合点（反井）误差为 $x=0.133$ m，$y=0.180$ m。

（2）一号井Ⅱ-3层采空区（1301面）与Ⅱ-4层工作面（1404面）矿柱上下对齐情况，经过闭合复测，闭合点（反井）误差为 $x=0.174$ m，$y=0.072$ m。

（3）一号井运输巷贯通闭合测量（1409与2409贯通），闭合误差为 $x=0.184$ m，$y=0.208$ m。

（4）二号井Ⅱ-2层采空区（122-12面）与Ⅱ-3层采空区（1301面）矿柱上下对齐情况，经过闭合复测，闭合点（反井）误差为 $x=0.015$ m，$y=0.257$ m。

（5）二号井2503工作面导线复测结果最大误差为 $x=0.022$ m，$y=0.033$ m。

（6）二号井24东上山导线复测结果最大误差为 $x=0.024$ m，$y=0.034$ m。

经分析复测数据，本次复测误差率最大为 1/5 000＜1/2 000，在测量规定允许误差范围之内，上下层矿柱对齐符合要求，所测各拐点处采房均符合误差要求，因此可确定原测量数据准确可靠。

复测数据如表6-9和表6-10所示。

表6-9 一号井复测结果

工作面	坐标点	原坐标		复测坐标		坐标差		导线总长度/m	备注
		X/m	Y/m	X/m	Y/m	X/m	Y/m		
208-3	21	1 924.049	6 864.528	1 924.049	6 864.526	0	0.002		
	16	1 929.430	6 910.038	1 929.439	6 910.049	0.009	0.011		
	13	1 954.189	6 940.644	1 954.210	6 940.682	0.021	0.038		
	8	1 982.994	6 977.440	1 983.009	6 977.420	0.015	0.020		
	6	1 990.131	6 992.439	1 990.102	6 992.423	0.029	0.016		
	2	2 005.876	7 020.476	2 005.882	7 020.465	0.006	0.011		
	反井			1 974.659	7 037.135			1 155.0	本次复测导线闭合误差：$x=0.133$ m，$y=0.180$ m
1303	17	1 902.076	6 930.533	1 902.074	6 930.529	0.002	0.004		
	15	1 910.196	6 944.787	1 910.195	6 944.785	0.001	0.002		
	11	1 928.045	6 973.077	1 928.047	6 973.079	0.002	0.002		
	10-6	1 942.015	6 995.215	1 942.014	6 995.219	0.001	0.004		
	10-7	1 959.367	7 022.720	1 959.304	7 022.725	0.063	0.005		
	2	1 969.849	7 039.336	1 969.851	7 039.346	0.002	0.010		
	反井			1 974.526	7 037.315				

表 6-9(续)

工作面	坐标点	原坐标		复测坐标		坐标差		导线总长度/m	备注
		X/m	Y/m	X/m	Y/m	X/m	Y/m		
1301	14	1 833.353	6 995.155	1 833.343	6 995.133	0.010	0.022		
	8	1 856.877	7 035.988	1 856.861	7 035.970	0.016	0.018		
	5	1 868.747	7 057.096	1 868.730	7 057.066	0.017	0.030		
	1	1 891.360	7 081.903	1 891.367	7 081.923	0.007	0.020		本次复测导线闭合误差: $x=0.174$ m, $y=0.072$ m
	反井			1 867.182	7 095.199			960.0	
1404	18-3	1 773.424	6 974.940	1 773.421	6 974.945	0.003	0.005		
	18-5	1 809.614	7 033.228	1 809.601	7 033.231	0.013	0.003		
	5	1 837.779	7 073.988	1 837.769	7 073.990	0.010	0.002		
	3	1 848.929	7 086.537	1 848.941	7 086.512	0.012	0.025		
	1	1 860.025	7 096.929	1 860.045	7 096.942	0.020	0.013		
	反井			1 867.008	7 095.271				
1 409	四 19			1 795.550	6 916.632				本次复测导线闭合误差: $x=0.184$ m, $y=0.208$ m
	四 19-2			1 811.608	6 897.564				
	闭合点			1 781.970	6 854.319			1 250.0	
2409	N11-4			1 754.929	6 823.360				
	N11-5			1 770.282	6 845.265				
	闭合点			1 781.786	6 854.111				

表 6-10　二号井复测结果

工作面	坐标点	原坐标		复测坐标		坐标差		导线总长度/m	备注
		X/m	Y/m	X/m	Y/m	X/m	Y/m		
122-12	8	2 038.029	6 891.172	2 037.993	6 891.184	0.036	0.012		
	6	2 047.909	6 918.232	2 047.839	6 918.270	0.070	0.038		
	4	2 056.088	6 932.301	2 056.006	6 932.365	0.082	0.064		
	1	2 068.842	6 954.359	2 068.843	6 954.401	0.001	0.042		本次复测导线闭合误差: $x=0.015$ m, $y=0.257$ m
	0	2 071.895	6 961.925	2 071.879	6 961.911	0.016	0.014		
	反井			2 069.552	6 962.395			1 040.0	
1301	11-3	2 015.639	6 820.142	2 015.637	6 820.145	0.002	0.003		
	11-4	2 032.970	6 861.218	2 032.944	6 861.230	0.026	0.012		
	8	2 052.511	6 907.633	2 052.463	6 907.645	0.048	0.012		
	1	2 086.185	6 957.147	2 086.138	6 957.177	0.047	0.030		
	反井			2 069.567	6 962.652				

表 6-10(续)

工作面	坐标点	原坐标		复测坐标		坐标差		导线总长度/m	备注
		X/m	Y/m	X/m	Y/m	X/m	Y/m		
2503	五5-1	1 830.304	6 315.185	1 830.324	6 315.195	0.020	0.010	227.0	本次复测最大误差:x=0.022 m,y=0.033 m
	五5-3	1 827.825	6 326.344	1 827.834	6 326.354	0.009	0.010		
	5	1 838.817	6 352.146	1 838.828	6 352.166	0.011	0.020		
	3	1 847.318	6 365.962	1 847.300	6 365.941	0.018	0.021		
	1	1 854.965	6 379.356	1 854.943	6 379.389	0.022	0.033		
24东上山	东四10	2 037.815	6 447.259	2 037.805	6 447.239	0.010	0.020	381.0	本次复测最大误差:x=0.024 m,y=0.034 m
	东四11	2 011.940	6 460.420	2 011.943	6 460.391	0.003	0.029		
	东四12	1 985.528	6 472.697	1 985.519	6 472.687	0.009	0.010		
	东四13	1 947.122	6 492.195	1 947.120	6 492.191	0.002	0.004		
	东四14	1 922.454	6 504.851	1 922.435	6 504.857	0.019	0.006		
	东四15	1 889.271	6 521.799	1 889.258	6 521.813	0.013	0.014		
	东四16	1 852.639	6 540.480	1 852.663	6 540.511	0.024	0.031		
	东四17	1 825.768	6 554.144	1 825.787	6 554.178	0.019	0.034		

6.5.2　第二次复测

2021 年 7 月 16 日、17 日,山东煤田地质局第三勘探队联合矿方对二号井 25 采区 2506 面及上部采空区 2406 面进行了复测测量,测量采取闭合导线复测方式,复测导线长度 962.3 m。本次复测结果如下:

(1)坐标误差 $x=0.051$ m,$y=0.097$ m。

(2)中误差为 0.11 m。导线精度 $=0.11/962.3=1.14/10\ 000$。

根据矿山井下导线测量精度规定要求,井下主要巷道导线测量精度应不低于 1/5 000,本次导线复测精度为 1.14/10 000,高于规定要求,能够实现 25 采区矿房、矿柱与上部采空区矿房、矿柱对齐。

本次复测数据如表 6-11 所示。

表 6-11 复测结果

工作面	坐标点	原坐标		复测坐标		坐标差		导线总长度/m	备注
		X/m	Y/m	X/m	Y/m	X/m	Y/m		
2506	五12-1	1 691.670	6 147.266	1 691.673	6 147.268	0.003	0.002	962.3	本次复测导线闭合误差：$x=0.051\ \mathrm{m}$ $y=0.097\ \mathrm{m}$
	五12-2	1 679.687	6 121.617	1 679.686	6 121.615	0.001	0.002		
	五12-3	1 668.240	6 097.116	1 668.238	6 097.116	0.002	0		
	转点			1 673.645	6 097.375				
	反井			1 694.185	6 098.411				
2406	四93-2	1 753.549	6 152.021	1 753.546	6 152.019	0.003	0.002		
	四93-3	1 755.804	6 146.719	1 755.803	6 146.713	0.001	0.006		
	四93-4	1 734.197	6 100.088	1 734.193	6 100.090	0.004	0.002		
	反井			1 694.134	6 098.314				

综合分析两次复测情况，可以认为鲁能石膏矿各分层采空区矿房及矿柱是基本对齐的。

6.6 采空区监测情况

6.6.1 采空区监测方法

目前，矿井已按照山东正元建设工程有限责任公司设计的采空区地压监测系统 GZY20 要求安装了监测传感器测点，共计 16 个，见图 8-2。

此外，在各采空区布设了简易变形监测点，定期观测变化。

6.6.2 采空区监测结果

经现场查看简易监测点及收集 GZY20 型矿用地压监测系统监测结果，未发现采空区变形和矿柱地压有变化。GZY20 型矿用地压监测系统的测点布置见图 8-2，数据成果统计表见表 8-3。从监测成果分析采空区处于稳定状态。

6.7 采空区岩体波速测试

6.7.1 工程概况

采空区岩体波速测试工作在鲁能石膏矿组织领导下由山东正元建设工程有

限责任公司具体实施。按照开采时间和各膏层分区的分布,选取 209-2-1#、222-83#、210-3-1#、1502-1#、1502-2#、2202-1#、4402#、4401#、4304#、2508# 10 个矿柱进行测试。

测试执行标准为:

(1)《地基动力特性测试规范》(GB/T 50269—2015)。

(2)《浅层地震勘查技术规范》(GZ/T 0170—1997)。

(3)《建筑抗震设计规范(2016 年版)》(GB 50011—2010)。

6.7.2 技术方法

本次测试使用上海岩联工程技术有限公司生产的 YL-SWT 波速测试仪,采用锤击上压条形木板为震源激发 S 波及 P 波,三分量检波器设置在测试孔内,自下而上每间隔 0.5 m 观测 1 次,接收它们到达时间,波形观测时采用贴壁式。

6.7.3 资料处理

6.7.3.1 处理方法

(1)测点波速计算。公式如下:

$$v = \frac{\Delta h_i}{\Delta t_i}$$

式中,Δh_i 为两连续观测点间的深度差,m;Δt_i 为两连续观测点间的走时差,s。

(2)层速度计算。公式如下:

$$v_n = \frac{\Delta H}{\Delta t}$$

式中,ΔH 为地层厚度,m;Δt 为对应剪切波传播时间,s;v_n 为第 n 层剪切波波速,m/s。

(3)计算土层的等效剪切波速。公式如下:

$$v_{se} = \frac{d_0}{t} \qquad t = \sum_{i=1}^{n} \frac{d_i}{v_{si}}$$

式中,v_{se} 为土层等效剪切波波速,m/s;d_0 为计算深度(取覆盖层厚度和 20 m 二者的较小值),m;t 为剪切波在地面至计算深度之间的传播时间,s;d_i 为计算深度范围内第 i 土层的厚度,m;v_{si} 为计算深度范围内第 i 土层的剪切波波速,m/s;n 为计算深度范围内土层的分层数。

6.7.3.2 测试结果

(1)剪切波波列图。各测孔剪切波波速检测得到的波列图如图 6-7 所示。

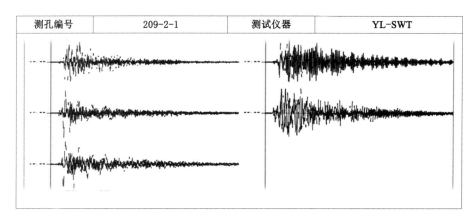

测孔编号	209-2-1	测试仪器	YL-SWT

(a)

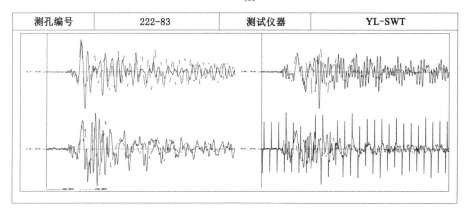

测孔编号	222-83	测试仪器	YL-SWT

(b)

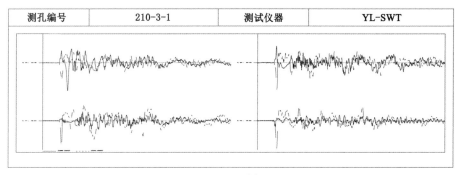

测孔编号	210-3-1	测试仪器	YL-SWT

(c)

图 6-7 剪切波波列图

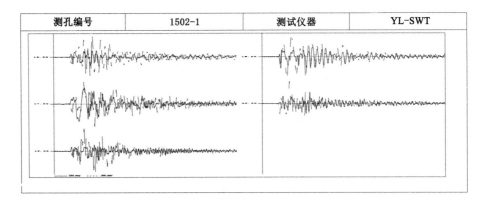

(d)

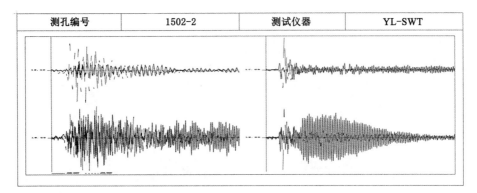

（e）

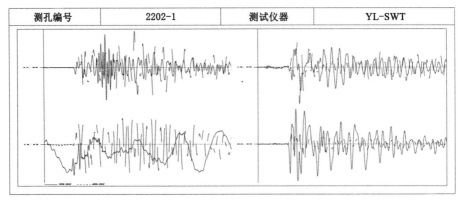

（f）

图 6-7 （续）

测孔编号	4402	测试仪器	YL-SWT

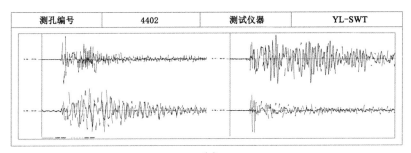

(g)

测孔编号	4401	测试仪器	YL-SWT

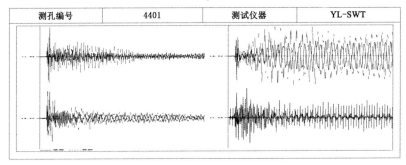

(h)

测孔编号	4304	测试仪器	YL-SWT

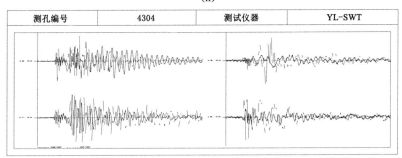

(i)

测孔编号	2508	测试仪器	YL-SWT

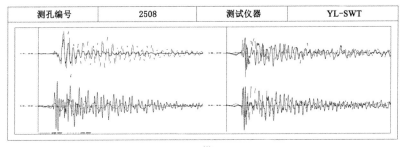

(j)

图 6-7 （续）

（2）S波和P波波速。各钻孔测试结果如表6-12～表6-21所示。

表 6-12　钻孔 209-2-1# 测试结果（测试深度 2.50 m）

深度/m	v_S/(m/s)	v_P/(m/s)	深度/m	v_S/(m/s)	v_P/(m/s)
0～0.50	881	2 210	1.50～2.00	1 355	3 388
0.50～1.00	986	2 463	2.00～2.50	1 592	3 974
1.00～1.50	1 152	2 882			

表 6-13　钻孔 222-83# 测试结果（测试深度 2.00 m）

深度/m	v_S/(m/s)	v_P/(m/s)	深度/m	v_S/(m/s)	v_P/(m/s)
0～0.50	983	2 450	1.00～1.50	1 252	3 136
0.50～1.00	1 180	2 954	1.50～2.00	1 375	3 438

表 6-14　钻孔 210-3-1# 测试结果（测试深度 2.00 m）

深度/m	v_S/(m/s)	v_P/(m/s)	深度/m	v_S/(m/s)	v_P/(m/s)
0～0.50	1 022	2 565	1.00～1.50	1 384	3 450
0.50～1.00	1 245	3 123	1.50～2.00	1 427	3 578

表 6-15　钻孔 1502-1# 测试结果（测试深度 2.50 m）

深度/m	v_S/(m/s)	v_P/(m/s)	深度/m	v_S/(m/s)	v_P/(m/s)
0～0.50	921	2 313	1.50～2.00	1 195	2 968
0.50～1.00	986	2 445	2.00～2.50	1 292	3 240
1.00～1.50	1 112	2 770			

表 6-16　钻孔 1502-2# 测试结果（测试深度 2.00 m）

深度/m	v_S/(m/s)	v_P/(m/s)	深度/m	v_S/(m/s)	v_P/(m/s)
0～0.50	900	2 240	1.00～1.50	1 040	2 631
0.50～1.00	972	2 460	1.50～2.00	1 131	2 848

表 6-17　钻孔 2202-1# 测试结果（测试深度 2.00 m）

深度/m	v_S/(m/s)	v_P/(m/s)	深度/m	v_S/(m/s)	v_P/(m/s)
0～0.50	1 099	2 738	1.00～1.50	1 269	3 273
0.50～1.00	1 125	2 817	1.50～2.00	1 365	3 453

表 6-18 钻孔 4402# 测试结果(测试深度 2.00 m)

深度/m	$v_S/(m/s)$	$v_P/(m/s)$	深度/m	$v_S/(m/s)$	$v_P/(m/s)$
0~0.50	953	2 363	1.00~1.50	1 082	2 725
0.50~1.00	997	2 503	1.50~2.00	1 137	2 823

表 6-19 钻孔 4401# 测试结果(测试深度 2.00 m)

深度/m	$v_S/(m/s)$	$v_P/(m/s)$	深度/m	$v_S/(m/s)$	$v_P/(m/s)$
0~0.50	960	2 415	1.00~1.50	1 176	2 920
0.50~1.00	1 004	2 540	1.50~2.00	1 235	3 188

表 6-20 钻孔 4304# 测试结果(测试深度 2.00 m)

深度/m	$v_S/(m/s)$	$v_P/(m/s)$	深度/m	$v_S/(m/s)$	$v_P/(m/s)$
0~0.50	1 007	2 548	1.00~1.50	1 164	2 900
0.50~1.00	1 088	2 730	1.50~2.00	1 273	3 173

表 6-21 钻孔 2508# 测试结果(测试深度 2.00 m)

深度/m	$v_S/(m/s)$	$v_P/(m/s)$	深度/m	$v_S/(m/s)$	$v_P/(m/s)$
0~0.50	955	2 388	1.00~1.50	1 142	2 855
0.50~1.00	1 011	2 528	1.50~2.00	1 254	3 135

6.7.4 结论

根据前面的处理方法,得到 209-2-1#、222-83#、210-3-1#、1502-1#、1502-2#、2202-1#、4402#、4401#、4304#、2508# 钻孔层剪切波波速值范围为 $v_{se}=237.14\sim255.71$ m/s。

7 采空区治理

7.1 治理范围

　　鲁能石膏矿通过对采空区稳定性的全面调查和综合评价,发现采空区整体稳定,但存在采空区相对薄弱区,需采取治理措施进行加固,根据《山东鲁能泰山矿业开发有限公司石膏矿采空区治理设计》于 2016 年 10 月 1 日开工进行了采空区治理施工,治理工程于 2017 年 12 月 15 日竣工,具体治理范围和治理内容如下:

　　(1)浆砌石支撑柱。Ⅲ-2 矿层 2510 采空区不连续矿柱和Ⅱ-4 矿层 2401 采空区回风巷不连续矿柱采用建造浆砌石支撑柱进行加固。

　　(2)锚杆加固。对Ⅱ-2 矿层 7202、7203、8204 采空区,Ⅱ-3 矿层Ⅱ-3-3 分区 1303 采空区,Ⅲ-2 矿层全部采空区进行锚杆加固;对Ⅱ-4 矿层Ⅱ-4-3 分区 2404 采空区的 2#、3#、7# 矿房顶板进行锚杆加固;对Ⅱ-2 矿层、Ⅱ-3 矿层和Ⅱ-4 矿层中上下山片口处、护顶膏离层或护顶膏相变较薄的采房三岔口处顶板进行锚杆加固。锚杆采用等强全螺纹树脂锚杆。

　　(3)矿柱围砌。对Ⅱ-2 矿层 222-83 采空区中片帮矿柱进行围砌,围砌高度 1.5～2.0 m,围砌长度为自巷道岔口至进采房 5 m 处;对Ⅱ-2 矿层一采区辅助上山(底车场)巷道两侧片帮进行围砌,围砌高度 1.5～2.0 m,围砌长度为 44 m;对Ⅱ-3 矿层 4301 采空区中片帮矿柱进行围砌,围砌高度 1.5～2.0 m,围砌长度为自巷道岔口至进采房 5 m 处。采用水泥砖砂浆砌筑对矿柱进行围砌加固和保护。

　　(4)控水工程。对Ⅱ-2 矿层二采区轨道(盘区回风)上山出水点、205-3 采空区出水点,Ⅱ-3 矿层 53 下山巷道出水点,Ⅲ-2 矿层 1502 采空区 0# 采房出水点、45# 采房出水点建造钢筋混凝土挡水墙进行堵水,对Ⅲ-2 矿层 1501 采空区 3# 采房出水点、1502 采空区 44# 采房出水点采取注浆堵水。

此外,在生产过程中采取探放水等控水措施,减小水害灾情影响范围,控制水势危害,确保矿井安全。

(5) 建立 GZY20 型矿用地压监测系统对采空区进行在线监测。

(6) 区块隔离保护矿柱设计。对各区段沿走向方向每隔 96 m 留设 20 m 区块隔离保护矿柱。

(7) 采空区控风设计。为隔绝采空区,避免矿柱矿房风化、潮解致使矿柱矿房稳定性降低,对结束的采区采取密闭墙封闭。

(8) 采空区管控措施:建立健全矿山采空区管理制度和管控措施。

7.2　治理工程

7.2.1　支撑柱治理工程

7.2.1.1　支撑柱治理范围

Ⅲ-2 矿层 2510 采空区不连续矿柱和Ⅱ-4 矿层 2401 采空区回风巷不连续矿柱,采用建造浆砌石支撑柱进行加固。

7.2.1.2　支撑柱设计参数

(1) 砌筑材料要求:石柱采用坚硬完整未风化的块石,块石强度不低于 MU30。

(2) 支撑柱尺寸:支撑柱截面形状为正方形,尺寸为 1.2 m×1.2 m,支撑柱高度与现场空间高度一致。采用混凝土黏结,接缝勾缝勾实,不准出现直缝、干缝和瞎缝。

7.2.1.3　支撑柱施工技术要求

(1) 应根据基础的中心线放出墙身里外边线,挂线分皮卧砌,每皮高 300～400 mm,砌筑采用铺浆法。较大的块石,先砌转角处、交接处,再向中间砌筑。

(2) 砌前先试摆,试石料大小搭配,大面平面朝下,逐块卧砌坐浆,使砂浆饱满。石块较大的空隙应先填塞砂浆,后用碎石嵌实。严禁先填塞小石块后灌浆的做法。灰缝宽度一般控制在 20～30 mm,铺灰厚度 40～50 mm。

(3) 砌筑时石块上下皮应互相错缝,内外交错搭砌,避免出现重缝、干缝、空缝和空洞,同时注意合理摆放石块,以免砌体承重后发生错位、劈裂、外鼓等现象。

(4) 每日砌筑高度不超过 1.2 m,正常气温下停歇 4 h 后可继续砌筑。每砌 3～4 层大致找平一次。中途停工时,石块缝隙内填满砂浆,但该层上表面须待继续砌筑时再铺砂浆。砌至高度时,使用平整的大石块压顶并用水泥砂浆全面找平。严格施工,保证砂浆饱满。

（5）砌筑至顶时,顶部填充混凝土与顶板相接。

7.2.1.4 支撑柱工程工程量

支撑柱砌筑工程量如表 7-1 所示。

表 7-1 支撑柱砌筑工程量表

采空区名称	支撑柱数量/根	砌筑方量/m³
Ⅲ-2 矿层 2510 采空区不连续矿柱	4	17.2
Ⅱ-4 矿层 2401 采空区回风巷不连续矿柱	70	354.8
总计	74	372.0

治理工程结束后实测支撑柱特征如表 7-2 所示。

表 7-2 支撑柱特征表

序号	位置	形状	支撑柱尺寸	数量/根	备注
1	Ⅲ-2 矿层 2510 采空区东端两翼	正方形	基础:1.5 m×1.5 m×0.24 m 支撑柱:1.22～1.25 m	4	材料采用强度 MU40 花岗岩块石
2	Ⅱ-4 矿层 2401 采空区回风巷	正方形	基础:1.5 m×1.5 m×0.24 m 支撑柱:1.21～1.23 m	72	材料采用强度 MU40 花岗岩块石

7.2.2 锚杆治理工程

7.2.2.1 锚杆参数

（1）锚杆类型:等强全螺纹树脂锚杆(图 7-1)。

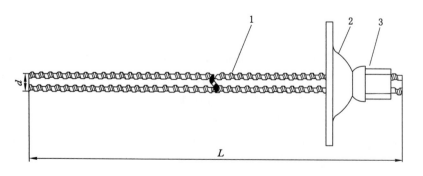

1—杆体;2—托盘;3—螺母。

图 7-1 锚杆装配结构图

（2）锚杆规格型号：MSGLD-335/18×1500。

（3）锚杆材质：选用 HRB335 螺纹钢杆体。

（4）托盘规格：150 mm×150 mm×10 mm。

（5）锚杆锚固力设计值：85 kN。

（6）钻孔孔径：32 mm。

（7）树脂药卷直径：28 mm。

7.2.2.2　锚杆布置

在矿房中心线沿矿房倾向布设一道锚杆，根据护顶膏岩性布置如下（图 7-2）：普通石膏间距为 1.0～1.5 m，坚硬石膏间距为 2.0～2.5 m；在顶板护顶膏因局部相变厚度低于 1.5 m 时，加密锚杆支护，锚杆数为 2～3 棵，在采房三岔口位置处布设 3～5 棵锚杆，在上下山片口处加密锚杆支护。

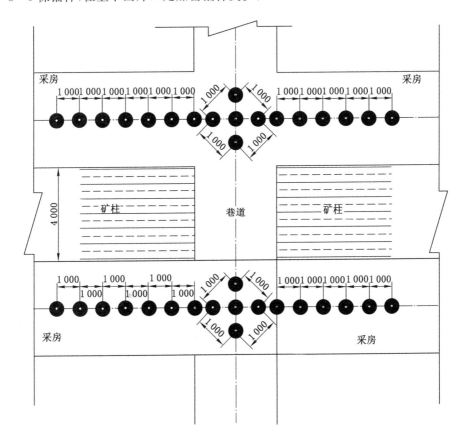

图 7-2　矿房及片口处锚杆布置图

锚杆加固纵剖面如图 7-3 所示。

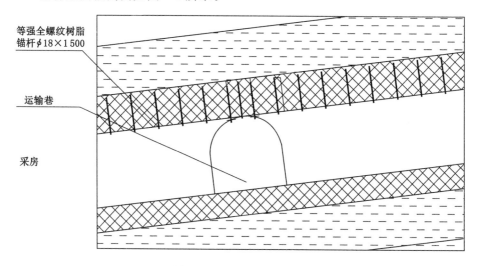

图 7-3　锚杆加固纵剖面图

7.2.2.3　施工技术要求

（1）打锚杆眼：

① 打眼前要敲帮问顶,检查工作面围岩和临时支护情况。

② 确定眼位,做出标志。

③ 在钎杆上做好眼深标记。

④ 打锚杆眼时,应从外向里进行;同排锚杆先打顶眼,后打帮眼。

（2）树脂锚杆安装：

① 清锚杆眼。

② 检查锚杆眼深度,应保证锚杆外露丝长度为 30～50 mm;锚杆眼的超深部分应填入炮泥或锚固剂;未达到规定深度的锚杆眼,应补钻至规定深度。

③ 检查树脂药卷,破裂、失效的药卷不准使用。

④ 打好眼后把 2～3 块树脂紧固剂捣入眼内,把锚杆插入钻杆眼内,将锚杆顶住树脂凝固剂缓缓推入孔底。

⑤ 用带有专用连接套的煤电钻卡住螺帽,开动煤电钻,带动杆体旋转对锚固剂进行搅拌,直至锚杆达到设计深度方可撤除煤电钻。

⑥ 搅拌时严禁中途停顿;旋转时间 15～20 s 后用力托住杆体 5 s 方可取下连接套,用小木屑塞住杆体,拧下螺帽装上托盘,拧上螺帽。

⑦ 12 min 后拧紧螺帽,拧紧力不低于 85 kN。

（3）树脂锚杆检验标准：

① 检查锚杆锚固力应做拉拔试验,每 100 m 抽样一组(3 根)进行检查,拉拔加载至锚杆设计锚固力的 90%。有一根不合格再抽一组(3 根),再不合格要查其原因,及时采取处理措施。

② 当设计变更或材料变更时,要做相应的拉拔试验。拉拔试验后应及时重新拧紧螺母,如果锚杆失效应及时补打锚杆。

③ 螺母扭矩检查采用扭矩扳手试验。每一班要对上一班所打锚杆进行螺母扭矩检查,一组(3 根)中有一个不合格时将扭矩不足的螺母拧紧即可,有两根不合格时要将所有螺母重新拧紧一遍。

7.2.2.4 锚杆工程设计工程量

锚杆工程设计工程量如表 7-3 所示。

表 7-3 锚杆工程设计工程量

名称	锚杆数量/根
Ⅱ-2 矿层 7202 采空区	1 155
Ⅱ-2 矿层 7203 采空区	1 850
Ⅱ-2 矿层 8204 采空区	1 679
Ⅱ-3 矿层Ⅱ-3-3 分区 1303 采空区	3 359
Ⅱ-4 矿层Ⅱ-4-3 分区 2404 采空区 2#、3#、7# 采房	198
Ⅲ-2 矿层 1501 采空区	3 202
Ⅲ-2 矿层 1502 采空区	3 449
Ⅲ-2 矿层 2503 采空区	1 774
Ⅲ-2 矿层 2504 采空区	1 439
Ⅲ-2 矿层 2505 采空区	1 543
Ⅲ-2 矿层 2506 采空区	1 383
Ⅲ-2 矿层 2508 采空区	2 954
Ⅲ-2 矿层 2510 采空区	1 430
Ⅱ-2 矿层上下山片口处	840
Ⅱ-3 矿层上下山片口处	300
Ⅱ-4 矿层上下山片口处	585
Ⅱ-2 矿层 205-1 采空区 5#～10# 采房三岔口处	30
Ⅱ-2 矿层 204-2 采空区 8#～15# 采房三岔口处	40
Ⅱ-2 矿层 202-1 采空区 5#～9# 采房三岔口处	25

表 7-3(续)

名称	锚杆数量/根
Ⅱ-2 矿层 208-1 采空区 8#～15# 采房三岔口处	40
Ⅱ-3 矿层 301 采空区 7#～15# 采房三岔口处	45
Ⅱ-3 矿层 1302 采空区 5#～7# 采房三岔口处	15
Ⅱ-3 矿层 1301 采空区 10#～18# 采房三岔口处	45
Ⅱ-3 矿层 1304 采空区 7#～10# 采房三岔口处	20
Ⅱ-4 矿层 1402 采空区 14#～19# 采房三岔口处	30
Ⅱ-4 矿层 2407 采空区 7#～12# 采房三岔口处	30
Ⅱ-4 矿层 4401 采空区 11#～17# 采房三岔口处	35
总计	27 495

7.2.2.5 采空区顶板锚杆治理验收结果

锚杆治理工程结束后,采空区顶板锚杆支护验收结果如表 7-4～表 7-7 所示。

(1) Ⅱ-2 矿层采空区顶板锚杆特征统计如表 7-4 所示。

表 7-4　Ⅱ-2 矿层采空区顶板锚杆特征统计表

序号	位置	型号	直径/mm	长度/mm	数量/根	锚杆间距
1	7202 采空区	MSGLD-335/18×1500	18	1 500	1 196	
2	7203 采空区	MSGLD-335/18×1500	18	1 500	1 862	
3	8204 采空区	MSGLD-335/18×1500	18	1 500	1 697	
4	上下山片口处	MSGLD-335/18×1500	18	1 500	881	采房四岔口中心向四周间距为 0.5～1 m,采房内间距为 0.7～0.9 m
5	202-1 采空区 5#～9# 采房三岔口处	MSGLD-335/18×1500	18	1 500	25	
6	204-2 采空区 8#～15# 采房三岔口处	MSGLD-335/18×1500	18	1 500	40	
7	205-1 采空区 5#～10# 采房三岔口处	MSGLD-335/18×1500	18	1 500	30	
8	208-1 采空区 8#～15# 采房三岔口处	MSGLD-335/18×1500	18	1 500	40	

(2) Ⅱ-3 矿层采空区顶板锚杆特征统计如表 7-5 所示。

表 7-5 Ⅱ-3 矿层采空区顶板锚杆特征统计表

序号	位置	型号	直径/mm	长度/mm	数量/根	锚杆间距
1	上下山片口处	MSGLD-335/18×1500	18	1 500	338	
2	Ⅱ-3-3 分区 1303 采空区	MSGLD-335/18×1500	18	1 500	3 415	
3	301 采空区 7#～15# 采房三岔口处	MSGLD-335/18×1500	18	1 500	45	采房四岔口中心向四周间距为 0.5～1 m,采房内间距为 0.7～0.9 m
4	1301 采空区 10#～18# 采房三岔口处	MSGLD-335/18×1500	18	1 500	45	
5	1302 采空区 5#～7# 采房三岔口处	MSGLD-335/18×1500	18	1 500	15	
6	1304 采空区 7#～10# 采房三岔口处	MSGLD-335/18×1500	18	1 500	30	

（3）Ⅱ-4 矿层采空区顶板锚杆特征统计如表 7-6 所示。

表 7-6 Ⅱ-4 矿层采空区顶板锚杆特征统计表

序号	位置	型号	直径/mm	长度/mm	数量/根	锚杆间距
1	Ⅱ-4-3 分区 2404 采空区 2#、3#、7# 矿房	MSGLD-335/18×1500	18	1 500	201	
2	上下山片口处	MSGLD-335/18×1500	18	1 500	624	采房四岔口中心向四周间距为 0.5～1 m,采房内间距为 0.7～0.9 m
3	1402 采空区 14#～19# 采房三岔口处	MSGLD-335/18×1500	18	1 500	30	
4	2407 采空区 7#～12# 采房三岔口处	MSGLD-335/18×1500	18	1 500	30	
5	4401 采空区 11#～17# 采房三岔口处	MSGLD-335/18×1500	18	1 500	35	

（4）Ⅲ-2矿层采空区顶板锚杆特征统计如表7-7所示。

表7-7　Ⅲ-2矿层采空区顶板锚杆特征统计表

序号	位置	型号	直径/mm	长度/mm	数量/根	锚杆间距
1	1501采空区	MSGLD-335/18×1500	18	1 500	3 282	
2	1502采空区	MSGLD-335/18×1500	18	1 500	3 453	
3	2503采空区	MSGLD-335/18×1500	18	1 500	1 777	
4	2504采空区	MSGLD-335/18×1500	18	1 500	1 443	采房四岔口中心向四周间距为0.5~1 m,采房内间距为0.7~0.9 m
5	2505采空区	MSGLD-335/18×1500	18	1 500	1 643	
6	2506采空区	MSGLD-335/18×1500	18	1 500	1 405	
7	2508采空区	MSGLD-335/18×1500	18	1 500	2 976	
8	2510采空区	MSGLD-335/18×1500	18	1 500	1 447	

7.2.3　矿柱围砌治理工程

7.2.3.1　矿柱围砌范围

（1）Ⅱ-2矿层222-83采空区。对片帮矿柱进行围砌,围砌高度1.5~2.0 m,围砌长度为自巷道岔口至进采房5 m处。

（2）Ⅱ-2矿层一采区辅助上山。对巷道两侧片帮进行围砌,围砌高度1.5~2.0 m,围砌长度44 m。

（3）Ⅱ-3矿层4301采空区。对片帮矿柱进行围砌,围砌高度1.5~2.0 m,围砌长度为自巷道岔口至进采房5 m处。

7.2.3.2　围砌方法、材料及参数

（1）围砌方法:采用水泥砖砂浆砌筑对矿柱进行围砌加固和保护。

（2）围砌材料：砌体为水泥砖，水泥砖尺寸为 240 mm×115 mm×53 mm；砌筑砂浆为M7.5水泥混合砂浆，M10水泥砂浆勾缝。

（3）砌筑尺寸：墙厚为 240 mm，墙高大于片帮高度 30 cm。

矿柱围砌断面如图 7-4 所示。

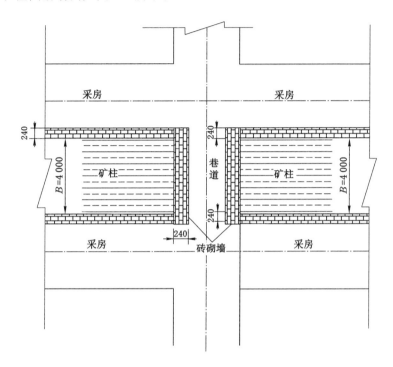

图 7-4　矿柱围砌断面图

7.2.3.3　施工技术要求

（1）砌筑方法：采用一顺一丁砌筑法。

（2）砌砖：砌砖宜采用一铲灰、一块砖、一挤揉的"三一"砌砖法。

（3）砖体砌筑必须内外搭砌，上下错缝，灰缝平直，砂浆饱满。水平灰缝厚度和竖向灰缝宽度一般为 10 mm，但不应小于 8 mm，也不应大于 12 mm。

（4）砌筑用砂浆用 P.O42.5 普通硅酸盐水泥，配比为：水∶水泥∶黄沙＝300∶547∶1 498。

（5）水泥混合砂浆搅拌时间不少于 2 min；砂浆应随拌随用，一般应在拌和后 3～4 h 内用完。

（6）分两次砌筑，一次砌筑高度不得高于 1.4 m。垂直度≤3 mm，平整度≤5 mm，灰缝平直度≤8 mm。

7.2.3.4 矿柱围砌工程工程量

矿柱围砌工程工程量如表 7-8 所示。

表 7-8 矿柱围砌工程工程量表

名称	222-83 采空区	一采区辅助上山	4301 采空区	总计
砌筑方量/m^3	43	38	14.5	95.5

7.2.3.5 矿柱围砌治理验收

矿柱围砌工程结束后,工程特征如表 7-9 所示。

表 7-9 矿柱围砌工程特征统计表

序号	位置	围砌体长/m	围砌体宽/m	围砌体高/m	围砌材料
1	Ⅱ-2 矿层 222-83 采空区中片帮矿柱	5.2～5.8	0.77	1.71～2.20	水泥砖
2	Ⅱ-2 矿层一采区辅助上山巷道两侧片帮矿柱	45.2	0.45	1.75～2.95	水泥砖
3	Ⅱ-3 矿层 4301 采空区中片帮矿柱	5.1～6.0	0.73	1.62～2.20	水泥砖

7.2.4 控水治理工程

采空区控水主要从两个方面进行,一是对采空区 7 处出水点进行堵水治理,二是在生产过程中采取探放水等控水措施,减小水害灾情影响范围,控制水势危害,确保矿井安全。

7.2.4.1 堵水工程

对Ⅱ-2 矿层二采区轨道上山出水点、205-3 采空区出水点,Ⅱ-3 矿层 53 下山巷道出水点,Ⅲ-2 矿层 1502 采空区 0# 采房出水点、45# 采房出水点建造钢筋混凝土挡水墙进行堵水,对Ⅲ-2 矿层 1501 采空区 3# 采房出水点、1502 采空区 44# 采房出水点采取注浆堵水。现分述如下。

7.2.4.1.1 Ⅱ-3 矿层 53 下山巷道出水点堵水设计

(1) 挡水墙位置。挡水墙建在 53 下山导线点东 7 点前 14 m 处,如图 7-5 所示。

(2) 承压要求。当地地面最高洪水位为 +86.15 m,53 下山挡水墙处最低底板标高 -178.4 m,高差为 264.55 m,故挡水墙所处位置水头高度为 264.55 m,也即水压 $p = 2.6455$ MPa,考虑到井下条件复杂,挡水墙设计水压取值 $p = 2.7$ MPa 计算。

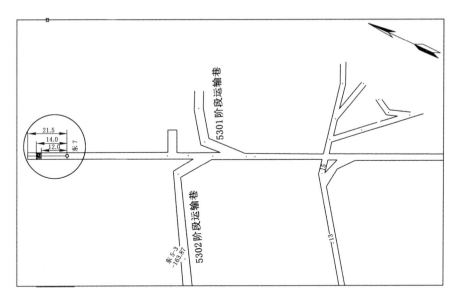

图 7-5 挡水墙位置简图

（3）挡水墙结构形式选择。由于出水点水量较大，为减少排水费用，尽快完成挡水墙建设，根据《采矿工程设计手册》中挡水墙要求，并结合现场实际情况，选择挡水墙结构形式为柱塞式。

（4）混凝土强度等级选择。设计挡水墙混凝土强度等级为 C30，以满足要求。

（5）挡水墙的厚度计算。根据《采矿工程设计手册》的类似挡水墙计算方法，挡水墙的厚度按下式计算：

$$L = \frac{H+B}{4\tan\alpha}\left[\sqrt{1 + \frac{4\gamma_0\gamma_f\gamma_d HBp}{(H+B)^2 f_{cc}}} - 1\right]$$

式中，L 为挡水墙厚度，m；α 为楔形斜面与原巷道中心线夹角，一般取 20°～30°；H 为墙体前、后巷道净高，m；B 为墙体前、后巷道净宽，m；γ_0 为结构的重要性系数，取 1.1；γ_f 为分项系数，取 1.3；γ_d 为结构系数，取 1.2～1.75，硐室净断面大时取大值；f_{cc} 为混凝土计算抗压强度乘以 0.95 确定，MPa；p 为防水墙设计承受的水压，MPa。

将数据代入公式计算：

$$L = \frac{3+3}{4\tan 20°} \times \left(\sqrt{1 + \frac{4 \times 1.1 \times 1.3 \times 1.2 \times 3 \times 3 \times 2.7}{(3+3)^2 \times 15 \times 0.95}} - 1\right) = 0.618 \ (\text{m})$$

经计算挡水墙厚度应大于 0.618 m。鲁能石膏矿挡水墙厚度实际取值均为

2.0 m,符合要求。

（6）挡水墙放水管直径选取。挡水墙建设是防止突水对矿井造成威胁。正常出水状态下为避免被封闭的采空区积水,墙体承压,安设 2 根排水管,进水口在距底板 0.5 m 位置巷道左帮,从进水口到出水口按－10％坡度安设,排水管端口处连接排水管外接阀门（内设排水铁箅）。排水管采用不锈钢材料,耐酸腐,承压能力大于 2.5 MPa。放水管需要采用防脱措施,防止因受压与墙体脱离。因流量为 10 m³/h,选 ϕ50 mm 排水管满足排水要求。

（7）挡水墙与围岩壁加固设计:

① 挡水墙施工前,在挡水墙施工范围内采用锚网锚杆密度 50 cm×50 cm,眼深 50 cm。并预埋 ϕ20 mm×1.5 m 全螺纹等强锚杆,埋深 50 cm。

② 树脂锚杆安装方法:

a. 用专用钻杆施工锚杆眼,锚杆眼深度 0.5 m。

b. 锚杆安装打好眼后把 1 块树脂紧固剂捣入眼内,把锚杆插入钻杆眼内,将锚杆顶住树脂凝固剂缓缓推入孔底。

c. 用带有专用连接套的煤电钻卡住螺帽,开动煤电钻,带动杆体旋转对锚固剂进行搅拌,直至锚杆达到设计深度方可撤除煤电钻。搅拌时严禁中途停顿。旋转时间 15～20 s。

d. 顶部锚杆要用力托住杆体 5 s 方可取下连接套,用小木屑塞住杆体,拧下螺帽装上托盘,拧上螺帽。

e. 12 min 后拧紧螺帽,拧紧力不低于 120 kN。

（8）挡水墙浇筑设计:

① 混凝土两侧挡板设计。由于挡水墙断面较大,砌筑混凝土挡水墙时侧压力对内侧挡板冲击力大,浇筑过程中出现问题后不易维护,因此在内侧建筑一道砖墙替代模板,具体要求如下:

a. 材质:红砖。墙体厚度 490 mm。

b. 砌筑用砂浆用 P.O42.5 普通硅酸盐水泥,配比为:水 ： 水泥 ： 黄沙 ＝ 300 ： 547 ： 1 498。

c. 开始砌筑前底板铺设不小于 50 mm 厚砂浆,砌墙时砖体之间压茬不小于 5 cm,接茬要严密,砌体缝要均匀、灰浆饱满,确保不漏水,巷道壁与墙体喷浆结合处要用灰浆充填饱满,确保不漏水。

d. 墙体在距底板 0.5～1.3 m 中部位置预留一个行人孔。

e. 混凝土外挡板使用钢模板。

② 挡水墙浇筑要求如下:

a. 挡水墙断面宽×高＝3.0 m×3.0 m（直墙半圆拱）,墙体厚度为 2.0 m,体积约为 17 m³。

b. 混凝土强度采用 C30 标准。用 P.O425 普通硅酸盐水泥,黄沙为中沙,石子直径为 5～25 mm。每立方米混凝土其质量配比为:水:水泥:黄沙:石子＝216:460:593:1 159。

c. 墙体内部采用 ϕ20 mm×1.5 m 全螺纹等强锚杆与外露锚杆焊接作为墙体骨架。

d. 挡水墙顶部及两帮每隔 1.0 m 预埋一根注浆管,注浆管出浆口应紧贴巷道壁且布置在墙体厚度的中部。

③ 后期注浆充填标准:注浆次数不得低于 3 次。最终注浆压力不得低于 4.0 MPa。

7.2.4.1.2　Ⅲ-2 矿层 1502 采空区 0# 采房出水点堵水设计

(1) 铺底位置选定。铺底建在 1502 工作面上 0# 采房导线点前 13 m 至 24 m 范围,总长约 11.0 m,如图 7-6 所示。

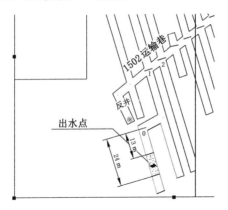

图 7-6　1502 工作面 0# 采房出水点位置

(2) 铺底排水设计。铺底建设过程中,需将出水点水引出,以确保混凝土正常凝固。将主排水管进水口在主出水点位置其他渗水点提前用水泥浆防渗,无法防渗的采用剔挖排水槽并敷设细排水管的方式将渗水引入主出水点。从主排水管进水口到出水口顺地板坡度安设,各排水管进水口处采取防堵措施。排水管采用无缝钢管材料,耐酸腐,承压能力大于 2.5 MPa。主排水管需要采用防脱措施,防止后期注浆过程中因受压与墙体脱离。因流量为 1.7 m³/h,选 ϕ50 mm排水管满足排水要求。

(3) 铺底与围岩壁加固设计。

① 迎头及两帮:铺底施工前,在采房迎头及两帮布设两层锚杆,锚杆杆体与

$\phi 12~mm$ 钢筋进行搭接焊接,搭接长度不低于 0.2 m。

② 底板锚杆安设:在采房底板施工锚杆眼,间距为 50 cm×50 cm,眼深 110 cm。锚杆外露长度应与自底板算起第二层钢筋网平齐,并与两层钢筋网焊接牢固。

③ 出水点附近底板加强:出水点周边加密布置锚杆眼,间距为 40 cm×40 cm,眼深 40 cm。

④ 树脂锚杆安装方法:

a. 用专用钻杆施工锚杆眼,锚杆眼深 0.5 m。

b. 锚杆安装。打好眼后把 1 块树脂紧固剂捣入眼内,把锚杆插入钻杆眼内,将锚杆顶住树脂凝固剂缓缓推入孔底。

c. 用带有专用连接套的煤电钻卡住螺帽,开动煤电钻,带动杆体旋转对锚固剂进行搅拌,直至锚杆达到设计深度方可撤除煤电钻。搅拌时严禁中途停顿;旋转时间 15~20 s。

d. 顶部锚杆要用力托住杆体 5 s 方可取下连接套,用小木屑塞住杆体。拧下螺帽装上托盘,拧上螺帽。

e. 12 min 后拧紧螺帽,拧紧力不低于 120 kN。

(4)铺底浇筑设计。

① 混凝土挡板设计。混凝土外挡板使用钢模板。

② 铺底浇筑要求如下:

a. 铺底断面长×宽×厚=11 m×4 m×0.5 m,底部深入巷道底板及高出墙体上平面各 0.5 m,厚 0.5 m;混凝土与采房两帮接触处高出混凝土铺底墙体 0.6 m;在两侧各挖深 1.0 m、宽 1.0 m 底槽作为加强柱。体积约为 69 m³。

b. 混凝土强度采用 C30 标准。用 P.O42.5 普通硅酸盐水泥,黄沙为中沙,石子直径为 20~40 mm。每立方米混凝土其质量配比为:水:水泥:黄沙:石子=216:460:593:1 159。

c. 墙体内部采用 $\phi 12~mm$ 钢筋与外露锚杆焊接作为墙体骨架,每层钢筋间距为 0.3 m×0.3 m。整个钢筋网要进行有效连接,形成一个整体。

d. 铺底底槽两侧埋设注浆管,以便于后期注浆堵水工作。

③ 凝固保养完成,进行注浆封孔,将出水管封孔完成堵水工作。

7.2.4.1.3 Ⅲ-2 矿层 1502 采空区 45# 采房出水点、44# 采房出水点和 1501 采空区 3# 采房出水点堵水设计

这 3 个出水点大致情况类似,采用的堵水方法一样。

(1)铺底位置选定。铺底位置建在 1502 采空区上 45#、44# 采房和 1501 采空区 3# 采房自迎头开始向下至最初出水点下部 2.0 m 范围内,总长约 20.0 m。

（2）铺底区域围岩岩性描述。该地点巷道两帮及顶部均为石膏层,石膏厚度为 6.5 m。采房位于膏层中部,顶板留设 1.8 m 石膏矿层,底板留设 1.0 m 护底膏(自出水点至迎头底板为厚层状 0.5～1.0 cm 页岩)。该区域膏层以普通石膏、半透明-不透明石膏为主,中粗晶粒结构,硬度 $f=2～3$,密度为 2.32 t/m³。

（3）铺底放水管直径选取。铺底建设过程中,需将出水点水引出,以确保混凝土正常凝固。将主排水管进水口在主出水点位置其他渗水点提前用水泥浆防渗,无法防渗的采用剔挖排水槽并敷设细排水管的方式将渗水引入主出水点。从主排水管进水口到出水口顺地板坡度安设,各排水管进水口处采取防堵措施。排水管采用无缝钢管材料,耐酸腐,承压能力大于 2.5 MPa。主排水管需要采用防脱措施,防止后期注浆过程中因受压与墙体脱离。因流量不大于 3 m³/h,选 φ50 mm 排水管满足排水要求。

（4）铺底与围岩壁加固设计。

① 迎头及两帮:铺底施工前,在采房迎头及两帮布设两层锚杆,锚杆杆体与 φ12 mm 钢筋进行搭接焊接,搭接长度不低于 0.2 m。

② 底板锚杆安设:将采房底板下挖 50 cm 并施工锚杆眼,间距为 40 cm×40 cm,眼深 60 cm。锚杆外露长度应高出自地板算起第二层钢筋网 5 cm,并与两层钢筋网焊接牢固。

③ 出水点附近底板加强:在现出水点周边加密布置锚杆眼,间距为 30 cm×30 cm,眼深 110 cm。

④ 树脂锚杆安装方法:

a. 用专用钻杆施工锚杆眼。

b. 锚杆安装。打好眼后根据眼深把 3 块树脂紧固剂捣入眼内,把锚杆插入钻杆眼内,将锚杆顶住树脂凝固剂并推入孔底。

c. 用带有专用连接套的煤电钻卡住螺帽,开动煤电钻,带动杆体旋转对锚固剂进行搅拌,直至锚杆达到设计深度方可撤除煤电钻。搅拌时严禁中途停顿。旋转时间 15～20 s。

d. 顶部锚杆要用力托住杆体 5 s 方可取下连接套,用小木屑塞住杆体,拧下螺帽装上托盘,拧上螺帽。

e. 12 min 后拧紧螺帽,拧紧力不低于 120 kN。

（5）铺底浇筑设计。

① 混凝土挡板设计。混凝土外挡板使用钢模板。

② 铺底浇筑要求如下:

a. 铺底断面长×宽×厚＝20 m×4 m×0.5 m,底部高出墙体上平面 0.5 m,厚 0.5 m;混凝土与采房接触处高出混凝土墙体 1.2 m。体积约为 100 m³。

b. 混凝土强度采用 C30 标准。用 P.O42.5 普通硅酸盐水泥,黄沙为中沙,石子直径为 20～40 mm。每立方米混凝土其质量配比为:水∶水泥∶黄沙∶石子＝216∶660∶593∶1 159。

c. 墙体内部采用 ϕ12 mm 钢筋与外露锚杆焊接作为墙体骨架,每层钢筋间距为 0.1 m×0.1 m。整个钢筋网要进行有效连接,形成一个整体。

d. 铺底靠迎头原注浆管保留,以便于后期注浆堵水工作。

③ 凝固保养完成,进行注浆封孔,将出水管封孔完成堵水工作。

7.2.4.1.4 堵水工程设计工程量

堵水工程工程量见表 7-10。

表 7-10 堵水工程工程量表

采空区名称	注浆/t	锚杆/棵	砌筑内墙/m³	钢筋混凝土挡水墙/m³	钻探/m
Ⅱ-3 矿层 53 下山巷道出水点	200	300	8.0	22.50	
Ⅲ-2 矿层 1501 采空区 3# 采房出水点	200				48 (ϕ66 mm)
Ⅲ-2 矿层 1502 采空区 44# 采房出水点	150				48 (ϕ66 mm)
Ⅲ-2 矿层 1502 采空区 45# 采房出水点	150	300		74.76	
Ⅲ-2 矿层 1502 采空区 0# 采房出水点	150	280		42.72	
Ⅱ-2 矿层二采区轨道上山出水点	200	280	7.2	15.63	
Ⅱ-2 矿层 205-3 采空区出水点	200	280	14.0	42.00	
总计	1 250	1 440	29.2	197.61	96

7.2.4.2 防控水措施

除采取对出水点堵水措施外,还应在生产期间采取以下控水措施:

(1) 开采生产过程中,坚持探放水制度。提前打超前探水构造钻孔,发现导水构造、破碎带和岩溶构造及时采取注浆堵水措施,增强构造和破碎带的整体性和稳固性,防止地下水害的发生。由于矿山存在部分探矿巷道,在采矿过程中要十分警惕,一定要坚持先探后掘(采)的原则,打超前眼进行探水,以防透水事故的发生。

(2) 采空区内禁止积水,发现新的出水点及时堵水、排水。

(3) 开采生产过程中应注意水文地质情况的观测,发现出水疑点及时封堵,每年汛期要加密采空区水文地质观测频次,建立观测预警措施。设专门水文地质人员对采空区内水文地质变化情况进行监控。

(4) 对井下职工做好防治水教育,遇有突水、透水等危险预兆及时通报,人员撤出井下。每年汛期前要组织开展一次停产撤人演练活动。

(5) 建立紧急情况下人员撤离制度。当汛期本区域连续降雨达到 50 mm 以上或气象预报为"暴雨"时,矿山必须立即停产撤人,企业主要负责人必须在岗在位。

7.2.4.3 出水点堵水治理效果

(1) Ⅱ-2 矿层二采区轨道上山出水点:施工了一座钢筋混凝土墙,墙厚 2.4 m。在混凝土墙上、下、左、右铺设长 1 500 mm、ϕ18 mm 等强全螺纹树脂锚杆,锚网密度 50 cm×50 cm。混凝土墙内采用 ϕ12 mm、间距 20 cm×20 cm 钢筋网片与锚杆焊接,混凝土墙(外墙)断面尺寸为 3.5 m×3 m(宽×高)。

(2) Ⅱ-2 矿层 205-3 采空区出水点:施工了一座钢筋混凝土墙,墙厚 2.7 m。在混凝土墙上、下、左、右铺设长 1 500 mm、ϕ18 mm 等强全螺纹树脂锚杆,锚网间距 40 cm×40 cm。混凝土墙内采用 ϕ12 mm、间距 20 cm×20 cm 钢筋网片与锚杆焊接,混凝土墙(外墙)断面尺寸为 5.9 m×5.4 m(宽×高)。混凝土墙内墙模板采用砖混结构,厚 0.52 m,高 3.6 m,宽 4.2 m。

(3) Ⅱ-3 矿层 53 下山巷道出水点:施工了一座钢筋混凝土墙,墙厚 2.2 m,混凝土强度等级 C30。在混凝土墙上、下、左、右铺设长 1 500 mm、ϕ18 mm 等强全螺纹树脂锚杆,锚网密度 50 cm×50 cm。混凝土墙内采用 ϕ12 mm、间距 10 cm×10 cm 钢筋网片与锚杆焊接,混凝土墙(外墙)断面尺寸为 4.45 m× 4.4 m(宽×高)。混凝土墙内墙模板采用砖混结构,厚 0.52 m,宽 3.1 m,高 3 m。

(4) Ⅲ-2 矿层 1502 采空区 0# 采房出水点:施工了一座钢筋混凝土墙,长 12.6 m,宽 4 m,高 1.1 m,混凝土强度等级 C30。采房两侧混凝土墙宽 0.7 m,高 0.8 m。采房底板铺设两层 ϕ12 mm、间距 30 cm×30 cm 钢筋网片。采房迎头及两帮布设两层锚杆,迎头锚杆间距 60 cm×60 cm,底板锚杆间距 50 cm× 50 cm,锚杆采用 ϕ18 mm、长 1 500 mm 等强全螺纹树脂锚杆。

(5) Ⅲ-2 矿层 1502 采空区 45# 采房出水点:施工了一座钢筋混凝土墙,长 41.5 m,宽 4.1 m,高 0.92 m。采房两侧混凝土墙宽 0.7 m,高 1.25 m。采房底板铺设两层 ϕ12 mm、间距 10 cm×10 cm 钢筋网片。采房迎头及两帮布设两层锚杆,迎头锚杆间距 60 cm×60 cm,底板锚杆间距 50 cm×50 cm,锚杆

采用 ϕ18 mm、长 1 500 mm 等强全螺纹树脂锚杆。

（6）Ⅲ-2 矿层 1501 采空区 3# 采房出水点：布置了 5 个注浆孔，其中 1 号孔深 11 m，2 号孔深 15 m，3 号孔深 18.5 m，4 号孔深 8.5 m，5 号孔深 12.5 m。5 个孔均安设注浆套管并用锚杆将注浆管加固。

（7）Ⅲ-2 矿层 1502 采空区 44# 采房出水点：布置了 5 个注浆孔，其中 1 号孔深 9.2 m，2 号孔深 10 m，3 号孔深 9.3 m，4 号孔深 10.2 m，5 号孔深 9.6 m。5 个孔均安设注浆套管并用锚杆将注浆管加固。

7.2.5　控风工程

7.2.5.1　矿山通风系统基本情况

本矿山通风系统是利用原有一矿、二矿通风系统，采用分区通风方式。一号井通风系统采用 1# 提升井进风、1# 风井回风的中央并列式通风系统，机械抽出式通风。二号井通风系统采用 2# 提升井进风、2# 风井回风的中央并列式通风系统，机械抽出式通风。新鲜风流由 1# 提升井、2# 提升井分别进入－45 m 水平运输大巷、－160 m 水平运输大巷，经提升上下山、石门等进入阶段平巷，冲洗工作面后进入回风上下山，经回风巷进入风井，排出地表。

矿山在不同的生产时期应注意合理地设置风门、风桥、封堵墙等通风设施，新鲜空气与污浊空气不要产生干扰，避免混合在一起。矿山现已形成大量开拓工程，生产期间及时对暂不使用的巷道进行封闭。对独头掘进巷道或局部通风不良地段，除主要通风机通风外，一定要加强局部通风机通风。

7.2.5.2　采空区控风目的和要求

按照《山东省金属非金属地下矿山安全生产技术与管理规范》要求，为隔绝采空区，避免矿柱矿房风化、潮解致使矿柱矿房稳定性降低，需对采空区采取控风措施，具体措施为修建密闭墙，并留设风门或风窗方便人员进入采空区进行排查、观测和维护。风门处于常闭状态，对其采取管控措施。已建成的密闭墙挂牌管理，标明构筑时间，明确责任单位、责任人、监管人。然后填写建筑台账和设施管理台账。

7.2.5.3　密闭墙设计

（1）密闭墙设在结束的采区片口处，且距离风巷不得超过 6 m。

（2）密闭墙位置应选择围岩完好地段，若围岩破碎应采取支护措施。

（3）密闭墙采用砖混结构，厚度为 0.5 m。密闭墙要嵌入围岩两帮及底板中，嵌入深度不少于 0.2 m。

（4）密闭墙要留设铁制风门或风窗，尺寸为：风门 1.2 m×0.8 m，风窗 0.6 m×0.4 m。

（5）密闭墙建成后要做到墙体平整、不漏风、不透光、手摸无感觉、耳听无声音,要及时闭锁,并悬挂风门说明牌。

7.2.5.4 工程量

控风工程工程量如表 7-11 所示。

表 7-11 控风工程工程量表

序号	名称	规格	单位	工程量
1	Ⅱ-2 层密闭墙	砖混结构,墙厚 0.5 m,墙高、墙宽根据现场实际确定	m³	300
2	Ⅱ-3 层密闭墙	砖混结构,墙厚 0.5 m,墙高、墙宽根据现场实际确定	m³	140
3	Ⅱ-4 层密闭墙	砖混结构,墙厚 0.5 m,墙高、墙宽根据现场实际确定	m³	225
4	Ⅲ-2 层密闭墙	砖混结构,墙厚 0.5 m,墙高、墙宽根据现场实际确定	m³	40
5	Ⅱ-2 层密闭门	风门 1.2 m×0.8 m,风窗 0.6 m×0.4 m	扇	75
6	Ⅱ-3 层密闭门	风门 1.2 m×0.8 m,风窗 0.6 m×0.4 m	扇	28
7	Ⅱ-4 层密闭门	风门 1.2 m×0.8 m,风窗 0.6 m×0.4 m	扇	41
8	Ⅲ-2 层密闭门	风门 1.2 m×0.8 m,风窗 0.6 m×0.4 m	扇	8
9	总计密闭墙		m³	705
10	总计风门(窗)		扇	152

控风工程施工结束后工程特征如表 7-12 所示。

表 7-12 控风工程特征统计表

序号	名称	规格	单位	工程量
1	Ⅱ-2 层密闭墙	砖混结构,墙厚 0.52～0.55 m,墙高、墙宽根据现场实际确定	m³	301.6
2	Ⅱ-3 层密闭墙	砖混结构,墙厚 0.52～0.55 m,墙高、墙宽根据现场实际确定	m³	141.2
3	Ⅱ-4 层密闭墙	砖混结构,墙厚 0.52～0.55 m,墙高、墙宽根据现场实际确定	m³	226.1
4	Ⅲ-2 层密闭墙	砖混结构,墙厚 0.52～0.55 m,墙高、墙宽根据现场实际确定	m³	40.2
5	Ⅱ-2 层密闭门	风门 1.2 m×0.8 m,风窗 0.6 m×0.4 m	扇	78
6	Ⅱ-3 层密闭门	风门 1.2 m×0.8 m,风窗 0.6 m×0.4 m	扇	29
7	Ⅱ-4 层密闭门	风门 1.2 m×0.8 m,风窗 0.6 m×0.4 m	扇	43
8	Ⅲ-2 层密闭门	风门 1.2 m×0.8 m,风窗 0.6 m×0.4 m	扇	12
9	总计密闭墙		m³	709.1
10	总计风门(窗)		扇	162

7.2.6 采空区管控措施

7.2.6.1 采空区管理组织

矿企成立以总工程师为组长的采空区安全管理机构——采空区管理办公

室,对采空区进行专职管理,配备 1 名地质工程师和 1 名采掘工程师、2 名专职测量技术人员负责采空区日常管理工作,明确岗位责任,做好预测、预报工作,并制定规划,采取措施,逐步治理采空区,消除现存采空区隐患。

7.2.6.2 采空区管理制度

健全采空区管理的安全生产责任制和安全管理制度,诸如《采空区安全管理机构》《采空区安全管理责任制》《采空区安全管理会议制度》《采空区排查及安全稳定性评估制度》《采空区监测制度》《采空区密闭及出入制度》《采空区预警制度》《采空区治理质量管理制度》等,对采空区实行综合管控。具体的采空区安全管理各项措施见 9.3 节。

7.2.6.3 采矿方法管控

严格按照采矿设计采矿,顶部留设 II-1 层膏和 I 矿带作为顶板永久保护层,矿房宽度不得大于 4 m,矿柱宽度不得小于 4 m,矿房高度不大于 4 m,护顶膏不得小于 1.5 m,护底膏不得小于 1 m,保持矿柱完整连续。

7.2.6.4 采矿技术管控

(1)在采矿生产时,使用经纬仪导线测量,按导线点放线,采用闭合导线(联络巷)和支导线方法对所有测量控制点进行复测,保证测量控制点准确,从而保证矿山开采上下矿房矿柱的严格对齐。

(2)执行下分层开采前复测制度,确保上下分层矿房矿柱严格对齐。

(3)严格依照采矿设计组织生产,制定《采掘工程质量验收制度》,严密监控施工质量,每月不低于 3 次对工程质量进行验收,月底对工程质量评判等级。

(4)矿山开采必须按设计尺寸留设工广矿柱、阶段间矿柱、采区矿柱、边界矿柱、构造矿柱、钻孔矿柱等,各矿柱不得小于开采设计尺寸,对顶板冒顶、矿柱片帮、底板鼓底、出水点、断层等特殊情况必要时加大矿柱尺寸。建筑物下开采采取弃层、降低采高等措施,加大保安矿柱尺寸。

7.2.6.5 采空区监控

(1)采空区每 500 m² 设置一人工观测点,每月观测一次,建立观测台账,观测人员签字,矿总工程师对观测数据进行审核。

(2)安装采空区在线监测系统(采空区变形监测系统和矿压监测系统),每 5 min 将监测数据传输至调度监控中心,正常情况下记录人员每 1 h 记录一次监测数据并签字,矿总工程师每天对监测数据进行审核。

(3)采取听、看、量、记等多种方法对采空区进行排查,要定方案、定人、定期、定要求、定记录、定审查,建立采空区排查记录台账并及时归档。

8 采空区在线监测监控

8.1 背景及意义

针对采空区管理,鲁能石膏矿设立采空区安全管理机构,健全采空区管理的安全生产责任制和安全管理制度,明确工作责任,配置专职管理人员,对采空区进行排查、观测,建立检查记录台账并及时归档,对采空区进行预测、预报,制定规划,采取措施,消除现存采空区隐患。该矿主要通过人工观测方式定期对采空区、地表等进行连续观测、记录、分析,生产十几年来没有发现采空区异常变化,有效保障了矿井老空区的安全。但此种方式误差较大,数据可信度受限制,不能实现对采空区的连续观测、实时记录,观测人员进入采空区必须制定完善的安全措施。

鲁能石膏矿所属矿区地表为农田,附近村庄密布,且矿区上覆第四系潜水,水量极为丰富。经过近十余年的开采,形成的采空区虽然未发现异常情况,但是随着矿井开采深度的不断增加,采空区所承受的压力越来越大。近年来,全国石膏矿山发生多起采空区冒落坍塌事故,为保证安全生产,实现采空区的实时、连续监测监控,提高采空区的管理技术水平,有必要安装数字化监测系统,对采空区进行不间断的监测,为采空区管理积累基础的分析数据。

在前期综合治理的基础上,为实现安全管理的自我提升,增强采空区管理的可靠性,借鉴煤矿等地下矿山矿压观测先进经验,经论证,鲁能石膏矿决定引进、安装采空区在线监测监控系统。

8.2 技术方案

8.2.1 监控内容

对于房柱法开采,矿柱是采空区稳定的关键,通常情况下矿柱受力的变化相对较小,短时间内大幅度升高或降低都是不正常的。如果某个矿柱塑性破坏失去支撑作用或失稳,将导致该矿柱承受能力大幅下降,同时导致邻近矿柱受力增加。因此,通过对矿柱受力的监测,及时了解矿柱受力的变化,可以了解矿柱的稳定程度,从而分析判断采空区的稳定性和安全性。

8.2.2　监测方式

回采结束后,采空区将进行封闭,因此监测方式采用在线监测,使用压力传感器自动监测采集数据,通过光纤自动传输到地面调度室,通过计算机软件进行相关的分析处理并显示结果。

压力监测传感器每隔一定时间(比如 5 min)自动监测,监测数据通过线缆传输到井下现有光纤系统或广播系统,利用井下现有的可靠的信息传输系统把监测数据在线实时传输到地面。

8.2.3　监测系统

监测系统采用 GZY20 型矿用地压监测系统,系统结构如图 8-1 所示,技术要求如表 8-1 所示。

表 8-1　监测系统技术要求

项目	技术要求	备注
监测方式	不间断监测	
矿压测量范围	0～20 MPa	
监测成果显示	数据报表	自动生成压力变化曲线
信号传输方式	线缆传输	
传感器与测量分站距离	1 000 m	
传感器直径	42 mm	
传感器长度	0.2～0.5 m	
监测数据保存时间	不低于 1 个月	

8.2.4　测点布置

8.2.4.1　布置依据

山东省地方标准《石膏矿山安全规程》(DB37/1024—2008)规定:采空区监测各监测点应布置合理,做到有代表性、全面性和科学性,每 500 m² 至少应布置一处监测点。根据该规定,鲁能石膏矿采空区每 500 m² 布置一个监测点。

8.2.4.2　布置方案

地压在线监测监控系统在煤矿使用已经比较成熟可靠,但是大汶口盆地石膏矿山采空区内硫化氢浓度较高,腐蚀性较强,之前已经安装顶板离层仪等监测仪器,均因不具备防蚀功能而未成功,目前所调研系统厂家虽然按照要求做了防蚀处理,但稳定性还有待验证。因此,本着"重点突出、循序渐进"的原则,考虑到矿井开采水平低、开采膏层多,结合矿井生产的实际情况,鲁能石膏矿采空区监

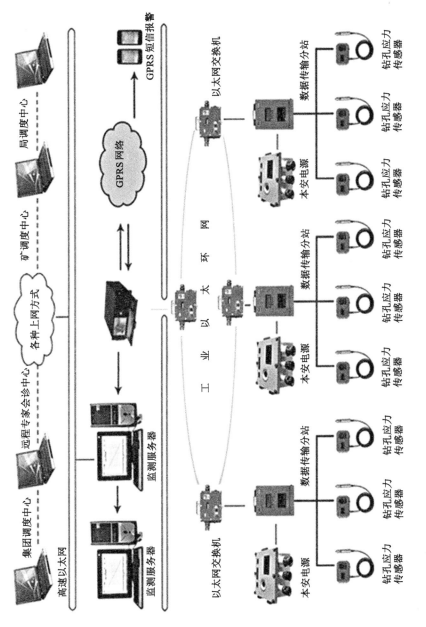

图 8-1　监测系统结构示意图

测已按照要求布置了 16 个 GZY20 系统测点,各测点传感器均正常使用运行。各膏层采空区测点布置如图 8-2 所示。

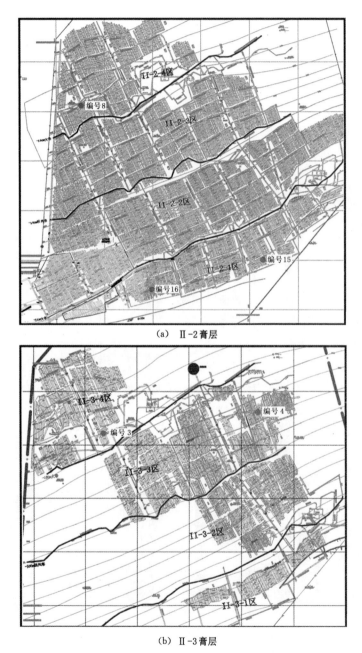

(a) Ⅱ-2膏层

(b) Ⅱ-3膏层

图 8-2 采空区矿柱应力测点布置示意图

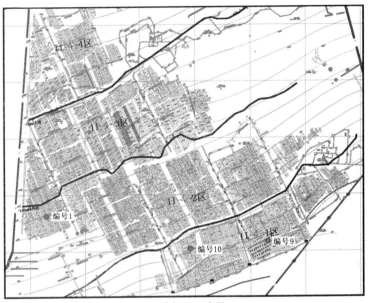

(c) Ⅱ-4膏层

(d) Ⅲ-2膏层

图 8-2 (续)

8.2.5 监测监控系统设备

采空区在线监测监控系统设备清单如表 8-2 所示。

表 8-2 监测系统设备清单

设备名称		数量/长度	安装地点
主机		1	
主机附件	UPS 电源	1	调度监控中心
	避雷器	1	
	信息传输接口	2	
	打印机	1	
数据传输分站		2	一号井二石门口、二号井井下调度站
数据采集器		16	4 个监测点
钻孔应力传感器		16	4 个监测点
电源		2	一号井二石门口、二号井井下调度站
线缆		8 000 m	

8.3 系统管理

矿用地压监测系统终端安装在调度监控中心,由调度员负责日常数据的检测及数据的收集保存;安全部地测专业负责井下现场设备的检查;安全部技术主任工程师负责数据的存档处理;两矿井负责设备的日常维护;供应部负责配件的购置及联系厂家进行业务指导。

系统正常运行后纳入安全监测监控系统统一管理。

8.4 GZY20 型矿用地压监测系统监测结果

GZY20 型矿用地压监测系统监测结果见表 8-3,从结果分析所监控采空区处于稳定状态。

表 8-3 地压监测系统监测结果

名称	采空区	数据类型	数据值/MPa	安装时间	是否变化	统计时间
钻孔-1	2402	钻孔地应力	0.7	2012.07	否	2015.10.01—2021.09.03
钻孔-2	2506	钻孔地应力	0.9	2012.07	否	2015.10.01—2021.09.03

表 8-3(续)

名 称	采空区	数据类型	数据值/MPa	安装时间	是否变化	统计时间
钻孔-3	4301	钻孔地应力	0	2016.11	否	2021.01.01—2021.09.03
钻孔-4	1303	钻孔地应力	1.6	2016.11	否	2021.01.01—2021.09.03
钻孔-5	2504	钻孔地应力	0.6	2016.11	否	2021.01.01—2021.09.03
钻孔-6	2503	钻孔地应力	1.2	2016.11	否	2021.01.01—2021.09.03
钻孔-7	2510	钻孔地应力	0.9	2016.11	否	2021.01.01—2021.09.03
钻孔-8	222-83	钻孔地应力	1.4	2016.11	否	2021.01.01—2021.09.03
钻孔-9	2401	钻孔地应力	1.3	2012.07	否	2015.10.01—2021.09.03
钻孔-10	3403	钻孔地应力	1.5	2012.07	否	2015.10.01—2021.09.03
钻孔-11	1502-1	钻孔地应力	1.1	2016.11	否	2021.01.01—2021.09.03
钻孔-12	1502-2	钻孔地应力	1.7	2016.11	否	2021.01.01—2021.09.03
钻孔-13	1502-3	钻孔地应力	1.3	2016.11	否	2021.01.01—2021.09.03
钻孔-14	1501	钻孔地应力	1.1	2016.11	否	2021.01.01—2021.09.03
钻孔-15	203-3	钻孔地应力	1.5	2016.11	否	2021.01.01—2021.09.03
钻孔-16	7203	钻孔地应力	1.2	2016.11	否	2021.01.01—2021.09.03

9 采空区垮塌原因分析及安全保障措施

9.1 采空区垮塌原因分析

9.1.1 开采原因

9.1.1.1 矿柱类型

根据设计,鲁能石膏矿的采矿方法为浅孔房柱法,这是比较适合鲁能石膏矿矿层埋藏特点的一种采矿方法。浅孔房柱法有间隔矿柱和连续矿柱两种布置形式。连续矿柱法回采率相对较低,但矿柱载荷小,稳定性好,不易变形破坏。我国矿柱垮塌的矿井中大多是间隔矿柱,连续矿柱较少出现大面积垮塌。尤其是混膏层,如果矿柱类型选择不当,矿柱很容易破坏坍塌。目前鲁能石膏矿主要采用了连续矿柱,并且在分段之间保留了至少 3 m 的护巷矿柱,这是比较安全可靠的,对确保矿柱和采空区的稳定具有很大作用。

9.1.1.2 矿柱面积比率

残留矿柱面积与采空区总面积之百分比称为矿柱面积比率,其计算公式为:

$$W = \frac{(b \times L)}{(a+b) \times L} \times 100\% \qquad (9-1)$$

式中,W 为矿柱面积比率;a 为矿房宽度;b 为矿柱宽度;L 为矿房或矿柱长度。

显现,面积比率越大,采空区越稳定。

根据上式,鲁能石膏矿的矿柱面积比率大约为:

$$W = \frac{(b \times L)}{(a+b) \times L} \times 100\% = \frac{4 \times 70}{8 \times 70} \times 100\% = 50\%$$

通常情况下,该比例的矿柱面积具有较高的稳定性,但最终还要取决于矿房或矿柱的具体尺寸。

9.1.1.3 矿柱的宽高比

矿柱的宽高比直接影响其稳定性,一般情况下,当宽高比大于 2 倍时矿房不易发生大面积冒顶,这种矿柱往往可起到顶板冒落的隔离作用。矿柱宽高比计算公式为:

$$B = \frac{b}{h} \qquad (9\text{-}2)$$

式中,B 为矿柱宽高比;h 为矿柱高度。

根据上式,鲁能石膏矿矿柱的宽高比为:

$$B = \frac{b}{h} = \frac{4}{4} = 1$$

所以,当鲁能石膏矿的采空区面积达到一定程度、空顶达到一定时间后,是存在发生大面积冒顶危险的。从力学角度来看,如果顶板能得到有效支承而不再沉降,那么已破坏的矿柱仅靠自身的弹性应变的恢复并不会产生爆炸式的崩溃,甚至可以保持完整外形,不会导致突然垮落。大矿柱在屈服过程中能产生较大的塑性变形,即在保持承载能力几乎不变的状态下可以承受较大的沉降位移,所以大矿柱通常是最后破坏的,因此建议采区之间保留较大尺寸的矿柱。

目前鲁能石膏矿的矿柱宽高比为1,在大面积采空的情况下,还是存在着垮塌危险的。在采高为 4 m 的情况下,如果采区隔离矿柱能达到 20 m,则宽高比可达到 5,有较高的安全系数。因此,建议各采区之间保留 20 m 以上的隔离矿柱,这对防止更大面积的垮塌是十分重要的。

9.1.1.4　矿柱平面分布

矿柱的平面分布影响大面积来压的范围。矿柱尺寸小、分布稀疏的区域,容易发生大面积来压,而矿柱尺寸大、分布密集的区域往往是冒落区的边缘。整个矿井的矿柱分布应均匀,使矿井的各个区域受力均衡,以免造成局部区域承受较大的载荷而使采空区失稳。

9.1.2　地质原因

9.1.2.1　膏层及其围岩力学性质

膏层及顶底板的力学性质对矿柱的稳定性具有重要的影响,尤其是膏层的力学性质是矿柱稳定与否的关键因素,强度高的膏层承载能力大,变形小,需要的矿柱尺寸小,矿石回采率高。鲁能石膏矿Ⅱ、Ⅲ膏层强度较之相邻各矿要高一些,矿柱尺寸取 4 m×4 m 有一定的安全系数,但上下矿层必须重叠对齐。

9.1.2.2　地质构造

断层及破碎带是影响采空区稳定性的重要因素,节理裂隙发育及破碎地段矿层或岩层的强度大为降低,这些地段的矿块或矿柱的强度通常只有实验室单轴抗压强度的 10%～30%,在顶板载荷下极易达到极限强度而破坏,引起矿柱失稳。所以,对于较大的断层必须留设保护矿柱。根据断层规模及破碎带的范围和破坏程度矿柱取 10~50 m 不等。对于不留设保护矿柱的小断层,在回采时必须采取相应的措施确保采矿安全。

9.1.2.3 膏层结构

膏层结构的复杂程度对矿柱的稳定性起着非常重要的作用,有时甚至起到决定性的作用。结构复杂的膏层含有大量的夹石层,夹石通常为泥岩和黏土岩,大多数泥岩和黏土岩容易风化,在潮解的井下环境,夹石强度迅速降低,一些夹石甚至吸湿泥化,被风化部分完全失去承载能力,这使得矿柱边缘部分的强度大幅下降而达到破坏极限,破坏的矿柱边缘很容易片帮下来,新暴露出来的部分又继续风化潮解而被剥离,如此反复,使得矿柱尺寸愈来愈小,最终不能承受上覆围岩的重量而失稳垮塌。由于相邻矿柱也同样存在相似的风化剥蚀问题,所以一旦某个矿柱失稳破坏,其他已经很脆弱的矿柱就非常容易被摧毁。因为井下是由多个矿柱共同支承顶板的,如果某一矿柱破坏失去承载能力,其原有负荷将由邻近矿柱或围岩分担,分担的结果是导致更多矿柱破坏,以至于整体破坏。

根据上面的分析,这种混有强风化夹石的膏层,石膏本身的强度并不是矿柱失稳的主要原因,单靠增加矿柱尺寸也不是最佳的办法,要解决这类膏层矿柱的失稳应该多管齐下,综合治理。一是要尽可能使矿柱尺寸大一些,以延长矿柱失稳的时间;二是要设立大尺寸的区域隔离矿柱,使灾害控制在有限范围内;三是高质量地封闭已采区域,尽可能不向已采区域漏风,这对于减轻风化程度十分重要。

9.2 采空区存在的主要安全问题

鲁能石膏矿目前采空区存在的主要安全问题如下:

(1) 由于采用房柱式开采方法,工广、村庄及高压线等矿柱未列为永久矿柱。

(2) 由于矿井生产一线的员工流动性较大,员工技术操作水平参差不齐,造成生产过程中采房质量不稳定,部分矿柱尺寸难以保证。

(3) 矿井采用炮采的方法采膏,有因打眼深度控制不准确造成局部破坏采房直接顶的现象。

(4) 铲车装运时穿采了矿柱,使矿柱长度由 50~70 m 减小到 16 m,对稳定性有一定影响。

(5) 膏层裂隙较发育,膏层被分割成段,减小了矿柱对上覆岩层的支撑能力。

9.3 安全保障措施

为了加强采空区管理,保证采空区的稳定安全,鲁能石膏矿成立了采空区管理的相关机构,制定和完善了各种制度、规定、办法和措施。

<h2 style="text-align:center">采 空 区 安 全 管 理 机 构</h2>

一、采空区安全管理机构

组长:

副组长:

成员:

下设采空区安全管理办公室,成员 5 名,由地测、技术、安全等部门人员组成,设 1 名办公室主任,具体负责采空区日常安全管理工作。

二、采空区安全管理机构职责

(一)组长职责

1. 组长是采空区安全管理工作的第一责任人,负责解决采空区安全管理所需的人、财、物。

2. 每季度负责组织召开一次采空区安全管理专题会,对采空区安全情况进行分析和评估,并制定相应保证采空区安全的具体措施。

3. 根据采空区安全管理需要,随时组织采空区安全管理小组成员召开专题会,解决采空区安全管理存在的疑难问题。

(二)副组长职责

1. 副组长是采空区安全管理的主要负责人,在组长领导下建立健全采空区安全管理组织机构和采空区安全管理制度。

2. 按时参加组长及办公室主任组织的采空区安全管理专题会,完成专题会安排的各项工作。

3. 现场落实采空区安全管理制度,每月向组长汇报采空区安全管理情况、存在问题、相应措施。

4. 根据需要随时组织采空区安全管理小组成员召开专题会,制定采空区安全管理的管理制度及具体的安全措施。

(三)办公室主任职责

办公室主任对采空区安全管理负主要责任。

1. 负责采空区日常安全管理。

（1）每周组织人员对采空区进行现场排查，做实排查情况记录，进行分析处理。

（2）组织人员每月对采空区安装的人工观测点进行一次排查，做实排查记录，进行分析处理。

（3）负责采空区在线监控系统的正常运行，每天查看采空区在线监控系统，掌握数据变化情况，进行分析。

（4）组织测量组每季度对地面设置的观测点进行数据测量，记录数据，将测量数据进行对比分析。

（5）督促测量组对采空区进行复测，现场复测做到开采矿柱、矿房对齐，分层层间距符合设计要求。

2.每月组织召开一次采空区安全管理专题会，通报采空区安全情况，并进行分析，安排采空区管理的具体工作。

3.发现采空区存在的安全问题及疑难问题及时如实向组长、副组长汇报。

（四）成员职责

对采空区安全管理负重要责任。

1.在组长、副组长、办公室主任领导下按时参加采空区日常安全管理工作。

2.按时参加采空区安全管理专题会。

3.及时如实汇报采空区安全管理存在的问题。

采空区安全管理责任制

采空区管理工作必须纳入矿井安全生产日常管理中，各级管理人员、各单位在布置、安排、检查工作时必须同时布置、安排、检查采空区管理工作。

一、矿长责任制

矿长对采空区安全管理负主要领导责任，负责采空区安全管理所需的人、财、物的到位，及时做出采空区管理工作的决策和指令。

二、总工程师责任制

总工程师对采空区安全管理负主要技术领导责任，每月召开一次采空区专业会议，组织制定采空区安全管理的各项管理制度，督促和检查采空区管理工作安排、规章制度、管理机构、主要技术组织措施的落实情况，及时对采空区安全管理进行分析，做出预警预报。

三、安全总监责任制

安全总监对采空区安全管理负主要安全监察责任，对采空区安全管理的各项管理措施、规章制度、管理机构、主要技术组织措施的落实情况进行现场监察，确保现场落实。

四、生产副矿长责任制

生产副矿长对采空区安全管理负重要领导责任,负责采空区安全管理的各项管理措施、规章制度、管理机构、主要技术组织措施的落实情况,进行现场落实。

五、石膏矿办公室主任责任制

石膏矿办公室主任对采空区安全管理负重要领导责任,负责采空区安全管理所需材料的及时供应。

六、技术部责任制

技术部对采空区安全管理负有主要技术管理责任,负责采空区管理规章制度的制定、补充、完善,并对技术措施的现场落实情况进行监督考核。技术部经理对采空区管理工作负全面技术责任,组织编制采空区安全管理规章制度、审批采空区管理技术措施,积极推广应用采空区管理科技成果;技术办主任对采空区安全管理负现场管理责任,要严把规程措施编制关,定期组织有关人员对采空区进行排查,建立采空区排查记录,及时发现采空区存在的安全问题,制定相应措施;地测办主任对采空区的地质测量工作负主要责任,组织人员对采空区进行复测,摸清地质构造变化情况,及时填绘采空区相关图件;地测办要及时向经理汇报采空区安全管理存在的问题。

七、安全部责任制

安全部对采空区安全管理工作负主要安全监察责任。安全部经理对采空区安全管理负主要安全监察责任,对采空区安全管理的各项管理措施、规章制度、管理机构、主要技术组织措施的落实情况进行现场监察,确保现场落实,按时参加采空的排查;安监处处长、安监处主任工程师对采空区安全管理负现场安全监察责任,负责采空区规章制度及安全措施的现场监察,按时参加采空区排查。

八、生机部责任制

生机部对采空区安全管理工作负主要现场管理责任。生机部经理负责组织采空区规章制度及安全措施的现场落实,按时参加采空区排查;调度室主任负责采空区在线监测系统正常运行的监控,按时参加采空区排查。

九、采掘(生产)工区责任制

采掘工区区长对采空区的安全管理负现场管理责任,负责采空区安全管理制度、技术措施、作业规程相应措施的现场落实;采掘工区技术员对采空区的安全管理负现场技术管理责任,负责采空区安全管理制度、技术措施、作业规程相应措施的编制及现场落实,按时参加采空区排查。

十、机运(生产)工区责任制

机运工区区长对采空区的封闭负现场直接管理责任,负责组织按照相关规定对采空区进行封闭;机运工区技术员对采空区的封闭负现场技术直接管理责任,负责组织按照相关规定编制采空区封闭措施,并现场实施。

采空区安全管理会议制度

一、采空区安全管理季度会议制度

(一)会议时间:季度末月28日前。

(二)会议地点:矿会议室。

(三)组织人:矿长。

(四)参加人员:采空区安全管理机构成员及采掘工区、机运工区班子成员。

(五)会议内容:落实采空区安全管理所需的人、财、物,对采空区安全情况进行分析、安全评估,制定相应保证采空区安全的具体措施。

(六)会议考核:

1.不按时组织会议的,对组织人罚款100元。

2.无故不参加会议的,对责任人罚款50元。

3.因特殊原因不能参加会议的,须经会议组织人同意,并罚款20元。

4.参加会议不按规定签到的每次罚款20元。

5.会议期间手机一律关机或打到静音状态,否则每次罚款10元。

6.扰乱会议秩序的每次至少罚款50元,严重的交公司处理。

以上考核由技术部负责。

二、采空区安全管理月度会议制度

(一)会议时间:每月25日前。

(二)会议地点:矿会议室。

(三)组织人:总工程师。

(四)参加人员:采空区安全管理机构成员及采掘工区、机运工区班子成员。

(五)会议内容:通报采空区安全情况并进行分析,安排采空区管理的具体工作。

(六)会议考核:

1.不按时组织会议的,对组织人罚款50元。

2.无故不参加会议的,对责任人罚款20元。

3.因特殊原因不能参加会议的,须经会议组织人同意,并罚款10元。

4.参加会议不按规定签到的每次罚款10元。

5. 会议期间手机一律关机或打到静音状态,否则每次罚款 10 元。

6. 扰乱会议秩序的每次至少罚款 50 元,严重的交公司处理。

以上考核由技术部负责。

三、采空区安全管理专题会议制度

根据采空区安全管理需要,由矿长组织不定期专题会议。会议相关内容执行采空区安全管理季度会议制度的相关内容。

采空区排查及安全稳定性评估制度

一、采空区排查制度

(一)未密闭采空区排查制度

未密闭采空区是指未经过相关专业设计进行永久密闭的采空区。

1. 组织排查人:施工采掘工区技术员。

2. 参加人员:施工采掘工区班子成员,每次不低于 2 人。

3. 排查频率:每周一次。

4. 排查内容:围岩稳定情况(包括冒顶、片帮、底鼓),积水情况(包括水量、水质变化情况),有毒有害气体积聚情况,工作面回风巷道通风情况等。

5. 排查情况处理:所有排查情况必须建立真实的排查记录,参加人员在记录上签字。每月 10 日前报技术部技术办存档。排查过程中发现的问题及时向技术部汇报。

6. 考核规定:

(1)不按规定组织排查的,对责任人罚款 50 元。

(2)无排查记录或排查记录不真实的对责任人罚款 50 元,排查记录不全或不合格的对责任人罚款 20 元。

(3)排查发现问题不及时汇报的至少罚款 100 元,造成损失的矿研究处理。

(4)不按照组织人要求及时参加排查的每次罚款 50 元,未按要求在排查记录上签字的每次罚款 20 元。

(5)由技术部负责考核。

(二)密闭采空区排查制度

密闭采空区是指经过相关专业设计进行永久密闭的采空区。

1. 组织排查人:总工程师。

2. 参加人员:采空区安全管理机构成员与技术部、安全部、生机部相关人员。

3. 排查频率:

（1）冒顶地点、片帮地点、积水地点、主要进回风巷道及技术部认为的重点区域，每周排查一次。

（2）总工程师每周组织相关技术人员进行一次会诊性检查，矿长每月带领有关部门和人员进行一次会诊性检查。

（3）所有采空区每半年必须全覆盖排查一次。

（4）进入采空区必须有经过总工程师审批通过的安全措施，并在调度监控中心备案。

4. 排查内容：围岩稳定情况（包括冒顶、片帮、底鼓），矿房矿柱稳定情况，积水情况（包括水量、水质变化情况），有毒有害气体积聚情况，工作面回风巷道通风情况等。

5. 采空区图纸填绘：采空区必须绘制 1：2 000 的专用图纸，并及时填绘。内容包括冒顶、片帮、底鼓、积水、出水、渗水点等。

6. 排查情况处理：所有排查情况必须建立真实的排查记录，参加人员在记录上签字。每月 30 日前由技术部技术办主任整理、技术部经理签字审查，技术部存档。排查过程中发现的问题及时向总工程师及矿长汇报。

7. 考核规定：

（1）不按规定组织排查的，对责任人罚款 50 元。

（2）无排查记录或排查记录不真实的对责任人罚款 50 元，排查记录不全或不合格的对责任人罚款 20 元。

（3）排查发现问题不及时汇报的至少罚款 100 元，造成损失的矿研究处理。

（4）不按照组织人要求及时参加排查的每次罚款 50 元，未按要求在排查记录上签字的每次罚款 20 元。

（5）由技术部负责考核。

二、采空区安全稳定性评估制度

每年由矿总工程师负责组织专家或委托专业技术服务机构对采空区现状进行一次安全稳定性评估，并将评估结果报相关部门备案。

采空区监测制度

一、井下采空区监测制度

（一）人工监测制度

1. 采空区排查制度

执行《采空区排查制度》。

2. 采空区观测制度

（1）采掘工区按照技术部要求在采空区设置人工观测点。

（2）技术部负责制定采空区人工观测点设置方案。采空区内每5 000 m² 设置一个人工观测点，应布置在应力相对集中区（如四岔口、片口、采区中心、构造附近、矿柱岩性破碎区等）。每组人工观测点由顶帮移动观测点和矿柱稳定观测点组成，顶帮移动观测点主要观测采空区顶帮的相对位移情况，矿柱稳定观测点主要观测矿柱的稳定情况。

（3）已密闭采空区人工观测点由技术部技术办主任负责组织相关人员每月进行一次观测，做好观测记录，经技术部经理、总工程师签字后存档。总工程师每季度向矿长汇报一次，发现异常情况及时汇报。矿长根据汇报情况组织相关人员分析，制定安全可行的安全技术方案。

（4）正施工采掘工作面形成的采空区，人工观测点由采掘工区技术员组织本工区相关人员每旬进行一次观测，做好观测记录，报技术部技术办主任存档，发现异常情况及时汇报技术部。

（5）技术部建立健全采空区图纸，并根据排查观测情况及时填绘。

（二）采空区在线监测

（1）技术部负责制定在线监测点布置方案，推广应用采空区在线监控新工艺、新技术、新设备。

（2）技术部经理负责在用采空区在线监测设备的正常运行。每旬组织相关人员排查一次监测点、沿途线缆、基站、电源、信号转换器设备设施的完好情况，发现问题及时处理，确保设备运转正常可靠。

（3）在线监测设备必须具备超限报警、故障报警功能，报警声光信号齐全。

（4）调度监控中心调度员负责在线监测的日常监测，调度员每3 h观测一次数值变化情况，做好观测记录，发现异常立即向调度中心主任及总工程师汇报。

（5）技术部经理每天对在线监测系统数据进行观测，每旬对数据进行分析，发现异常情况及时向矿长汇报，矿长组织相关人员分析制定安全可行技术措施。

二、地面监测制度

（1）技术部地测办主任负责在地面采空区位置设置地表沉降测量点，每个测量点控制面积不超过10 000 m²。

（2）由技术部地测办主任组织，对每个沉降观测点每月排查，每季度进行测量（平面坐标测量、高程测量）。

（3）编制测量数据报告，报技术部经理签字后存档。

（4）发现异常情况及时向总工程师汇报，由总工程师分析处理。

采空区密闭及出入制度

一、采空区密闭制度

1. 所有采区、采掘工作面结束后必须在 10 日内对采空区进行密闭。

2. 采空区密闭施工单位为机运工区。

3. 密闭前由技术部通防办编制采空区密闭技术方案,机运工区根据方案施工。

4. 密闭墙一般设在采煤工作面片口处及采区上下车场。密闭墙必须符合以下规定:密闭墙距轨道上、下山的距离不得超过 6 m;厚度不低于 0.5 m;材料为料石及混凝土;墙体嵌入顶、底板和两帮深度不小于 0.5 m;风门规格为 0.80 m×1.2 m,处于常闭状态,人员进入其中后要随手关门;风窗规格为 0.6 m×0.8 m,由矿通防专业调节风窗通风量。

5. 密闭施工完毕后由施工单位申请,经矿通防专业验收合格后挂牌管理。

6. 机运工区负责密闭墙的日常检查、维修,建立相应台账。

二、采空区出入制度

1. 出入采空区必须编制专门安全措施,经总工程师签批后,在调度监控中心备案。

2. 进入采空区时严禁停止矿井主通风风机运转。

3. 进入采空区必须向调度监控中心说明行走路线、工作目的、需用时间,出来后立即向调度监控中心汇报,调度监控中心做好记录,并做好过程调度。

4. 进入采空区不低于 3 人,各自携带完好矿灯、自救器、防毒口罩、劳动防护用品、两台完好硫化氢检测仪、一台多功能气体检测仪(氧气、一氧化碳、二氧化氮),人员前后间距 5～10 m,观察好行走路线后,慢速行走。

5. 私自进入采空区者,按严重违纪论处,并给予 100～1 000 元罚款,情节严重者经矿研究另行处理。

10 主 要 结 论

10.1 采空区现状调查结论

（1）截至 2022 年 12 月，鲁能石膏矿已经形成 180 个采空区，共形成不连续采空区面积约 1 366 567 m^2，采空区体积约 5 466 268 m^3。

（2）采空区上下层矿房矿柱重叠对齐误差在允许范围内；大多数采空区矿房、矿柱尺寸和护顶膏、护底膏留设厚度基本符合设计要求，矿柱连续完整，无破坏。

（3）采空区存在的少数矿房局部冒顶、矿柱局部片帮和不连续等相对薄弱区已于 2018 年 5 月治理结束并通过专家验收。2018 年 5 月以后的工作面矿房顶板均已按设计进行了锚杆支护。

（4）底板出水点已注浆堵水，目前底板出水已被控制，并按设计施工了挡水墙。

10.2 采空区顶板受力与稳定性分析结论

（1）已经开采的 II 膏各分层（II-2、II-3、II-4 膏层）采空区顶板是稳定的。

（2）各层膏开采后，矿房重叠后采空区顶板是稳定的。

（3）护顶膏不低于 1.5 m，护底膏不低于 1.0 m。当护顶膏底分层厚度小于设计底分层厚度时应当采取支护措施。

（4）在护顶膏底分层厚度不同时，顶板的控制方案如表 10-1 所示。

表 10-1 护顶膏底分层厚度不同时的顶板控制方案

	不支护的最小底分层厚度/cm	单排锚杆底分层厚度/cm	双排锚杆底分层厚度/cm
II-2	>25	15~25	<15
II-3	>30	20~30	<20
II-4	>25	15~25	<15
III-2	>25	15~25	<15

10.3　采空区矿柱受力与稳定性分析结论

（1）矿柱宽度不小于 4 m，开采各膏层矿柱要严格重叠对齐。

（2）矿柱实际承受载荷小于矿柱长期强度，矿柱能保持稳定。

（3）各膏层开采后，重叠矿柱是稳定的。

10.4　要求及建议

（1）采区间、断层及破碎带按相关规定留设足够尺寸的保护矿柱。

（2）加强井下测量工作，提高测量精度，尽可能保持矿柱重叠状态，如重叠度降低，应调整采留宽度并增加护顶膏厚度。

（3）如果局部区域地质条件恶化，需根据实际揭露的地质情况作进一步的对比和研究。

（4）及时封闭采空区，禁止向采空区漏风，可以大大减弱和延缓矿柱的风化和潮解影响。

（5）布置专用铲车道，铲车不再穿采矿柱。

（6）对已形成的采空区加强巡视检查和监测，及时发现问题及时采取措施。

（7）在生产过程中，发现矿房发生局部冒顶或护顶膏留设不足及时采取锚杆加固措施，对矿柱局部片帮或不连续及时采取矿柱围砌保护和支撑柱加固措施，对采空区出水点及时采取堵水措施。

（8）由于石膏矿柱易风化且具有蠕变性，矿方应认真贯彻落实《山东省非煤矿山重特大生产安全事故预防措施》（鲁安监发〔2010〕43 号）及泰安市安监局要求，定期对采空区稳定性进行安全评价。

10.5　说明

（1）研究对象及结论主要针对鲁能石膏矿Ⅱ-2、Ⅱ-3、Ⅱ-4 及Ⅲ-2 膏层现有采空区。

（2）需要根据实际揭露的地质情况进行进一步的研究和修正。

参 考 文 献

[1] 江晓禹,龚晖.材料力学[M].5 版.成都:西南交通大学出版社,2017.

[2] 李成成.综放开采断层应力分布特征与冲击危险评价研究[D].泰安:山东科技大学,2010.

[3] 钱鸣高,石平五,许家林.矿山压力与岩层控制[M].2 版.徐州:中国矿业大学出版社,2010.

[4] 谭云亮.矿山压力与岩层控制[M].3 版.北京:应急管理出版社,2021.

[5] 武文治.基于爆破损伤的石膏矿采矿方法研究与设计[D]. 淄博:山东理工大学,2015.

[6] 翟所业,张开智.煤柱中部弹性区的临界宽度[J].矿山压力与顶板管理,2003(4):14-16.